基于稀疏表示的三维模型检索技术与研究

屠宏 著

中国水利水电出版社
www.waterpub.com.cn
·北京·

内 容 提 要

本书以三维模型的稀疏表示和压缩技术为典型应用，在总结过去研究工作的基础上阐述三维模型检索的基础理论、技术方法以及应用实践，为计算机图形学提供三维模型检索处理的理论基础。全书共分为7章，第1章是对三维模型的定义和表示方法进行了介绍，是全书的铺垫；第2章是三维模型处理的相关理论，对本书中需要的数学基础理论进行了论述；第3章概述了三维模型的各种处理技术，简要介绍了三维模型的平滑、参数化、修复及变形等技术；第4章介绍了基于内容的三维模型检索系统，其中重点介绍了三维模型的特征描述符的提取以及相似性匹配技术；第5章描述了基于稀疏表示的三维模型光滑算法，重点介绍了三维模型的稀疏表示和压缩技术与应用；第6章描述了基于微分坐标的三维模型光滑算法，实现基于微分坐标的三维模型光滑算法与实践；第7章描述了基于稀疏匹配的三维模型检索算法，在模型库中进行检索时，采用稀疏匹配的方法，得到的结果在查全率和查准率两方面都得到了提高。

本书适用于有一定图形基础的相关专业人员参考使用。

图书在版编目（CIP）数据

基于稀疏表示的三维模型检索技术与研究 / 屠宏著
. -- 北京 : 中国水利水电出版社, 2022.6
ISBN 978-7-5226-0766-5

Ⅰ. ①基… Ⅱ. ①屠… Ⅲ. ①计算机图形学－三维－检索系统 Ⅳ. ①TP391.411

中国版本图书馆CIP数据核字(2022)第102723号

书　　名	**基于稀疏表示的三维模型检索技术与研究** JIYU XISHU BIAOSHI DE SANWEI MOXING JIANSUO JISHU YU YANJIU
作　　者	屠　宏　著
出版发行	中国水利水电出版社 （北京市海淀区玉渊潭南路1号D座　100038） 网址：www. waterpub. com. cn E-mail：sales@mwr. gov. cn 电话：（010）68545888（营销中心）
经　　售	北京科水图书销售有限公司 电话：（010）68545874、63202643 全国各地新华书店和相关出版物销售网点
排　　版	中国水利水电出版社微机排版中心
印　　刷	清淞永业（天津）印刷有限公司
规　　格	184mm×260mm　16开本　8印张　195千字
版　　次	2022年6月第1版　2022年6月第1次印刷
印　　数	001—800册
定　　价	**48.00**元

前言

PREFACE

基于稀疏表示的三维模型检索技术是研究如何对三维模型进行表示并压缩的原理、方法和技术应用的论著，以三维模型的稀疏表示和压缩技术为典型应用，是计算机图形学中不可缺少的部分和发展基石，在计算机辅助设计制造、仿真模拟、娱乐动画等各个领域有着广泛的应用。它在帮助学者直观、形象的理解计算机处理三维模型方面起着非常重要的作用。

本书试图在总结过去研究工作的基础上阐述三维模型检索的基础理论、技术方法以及应用实践，为计算机图形学提供三维模型检索处理的理论基础。全书共分为7章，第1章是对三维模型的定义和表示方法进行了介绍，是全书的铺垫；第2章是三维模型处理的相关理论，对本书中需要的数学基础理论进行了论述，理论基础中的数学理论重在应用，并不注重理论、公式的证明；第3章概述了三维模型的各种处理技术，简要介绍了三维模型的平滑、参数化、修复及变形等技术，对三维模型的各个研究领域有较广泛的涉猎；第4章介绍了基于内容的三维模型检索系统，初步了解三维模型检索系统的工作流程，其中重点介绍了三维模型的特征描述符的提取以及相似性匹配技术；第5章描述了基于稀疏表示的三维模型光滑算法，从数字信号的稀疏表示到二维图形及三维模型的稀疏表示，通过逐层深入，最后介绍了三维模型的稀疏表示和压缩技术与应用；第6章描述了基于微分坐标的三维模型光滑算法，通过对拉普拉斯算子及微分坐标的讲解，再通过1范数约束的特征点标定算法，实现基于微分坐标的三维模型光滑算法与实践；第7章描述了基于稀疏匹配的三维模型检索算法，在模型库中进行检索时，采用稀疏匹配的方法，得到的结果在查全率和查准率两方面都得到了提高。

随着几何建模技术及三维数据获取技术的发展，模型复用已成为一种经济、实用、快速的三维模型开发方式，高效的三维模型检索系统是其支撑基础。本书通过三维模型检索系统的工作流程和稀疏算法的分析，对三维模型的光滑预处理、形状描述符的提取以及相似性匹配技术进行了深入研究。本书适用于具有一定图形学基础的读者，本书的主要内容和创新点如下：

（1）将稀疏表示技术推广到三维模型的表示，建立基于稀疏表示的三维模型处理整体框架，并应用于兵马俑三维模型的光滑预处理过程。使用拉普拉斯基和小波基构造非自适应性字典，相干参数的计算验证了此稀疏字典的有效性。与谱网格处理方法相比，得到的表示系数更稀疏，用更少的重建系数能获得更好的光滑效果。

（2）提出了一种基于微分坐标的三维模型光滑算法。使模型顶点的法向平均曲率为0，通过范数最小约束将三维模型特征点标定过程转化为最优化问题的求解过程，构造了新的权值函数及二次能量光滑函数，改进了顶点约束重建算法。本方法能准确的标注模型的特征点，经兵马俑三维模型的光滑预处理过程验证，能较好地保持其几何细节特征。

（3）提取了一种基于多特征融合的形状描述符并用于三维模型检索。定义了模型的全局和局部径向距离描述符，并使用球坐标射线法及三角面片面积加权值，同时提取模型的全局径向距离作为整体特征；另外从不同视角计算模型局部径向距离并映射为灰度图像，作为模型的局部特征；采用核方法将两种特征融合为一个新的形状描述符，此描述符包含原有描述符的所有信息。实验结果表明，本方法提高了三维模型描述的准确性，获得更好的检索效果。

（4）提出了一种基于稀疏匹配的三维模型检索算法，二次能量函数最小约束及松弛变量的设置，将特征向量的相似性匹配过程转化为一个二次锥规划问题的求解过程，最优解确定了检索结果。对特征向量及特征库的稀疏化处理，根据类别信息的分块检索，提高了算法的时间效率。实验及多种评价结果表明，本方法具有较高的查准率和鲁棒性。

限于作者的认知局限，欢迎读者在阅读本书的过程中，对本书存在的缺点和问题提出批评与建议。

感谢中国水利水电出版社的编辑们，在本书出版过程中给予的帮助与指导！

作者

2022年2月

目录
CONTENTS

第1章 三维模型概述

三维模型作为第四代多媒体信息，应用已经非常广泛。随着三维数据获取技术、建模软件及互联网技术的发展，全球的三维模型数以百亿计，且数量正以几何级数增长，互联网上相继出现了很多大型的商用或免费的模型库，海量的资源为三维模型的设计和开发提供了便利，合理重复地使用现有三维模型并对其进行编辑和修改，得到符合需求的模型，可以减少重复性劳动，并能大幅度缩短新模型的设计和开发周期，是一种经济、实用的开发模式。据统计，近80%的新产品设计是基于产品复用方式完成的。在这种开发模式中，获取所需要的模型是首要的一步，这需要高效的三维模型检索系统作为支撑，三维模型检索系统的工作流程见图1.1。

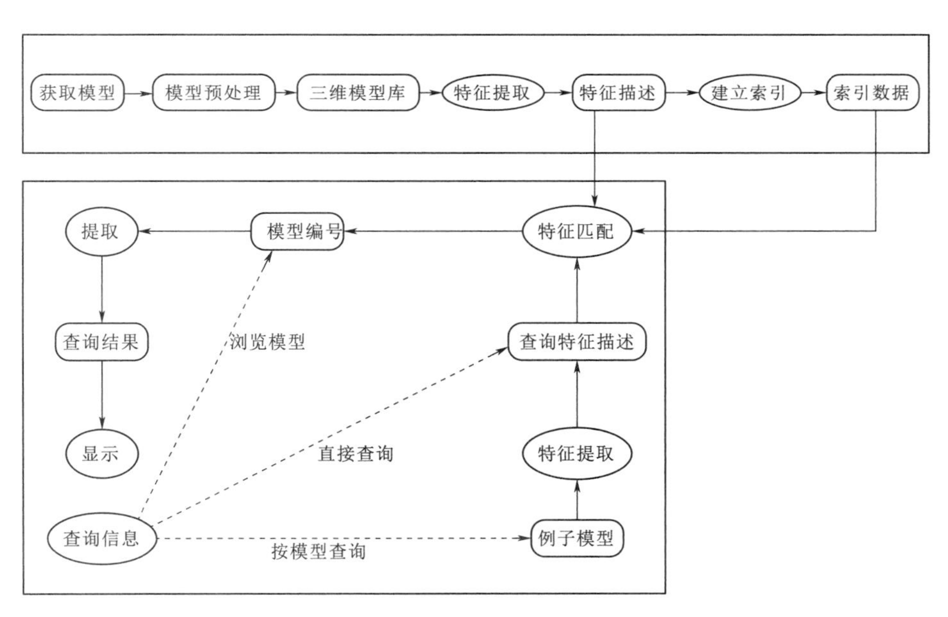

图1.1 三维模型检索系统工程流程图

在三维模型检索系统中，模型的检索是通过对形状描述符的检索实现的，模型形状描述符（shape descriptor，SD）的提取是整个系统的核心。三维模型形状描述符的质量直接影响着检索系统的效率。很多学者在此领域做了大量的研究工作，从不同的角度对三维模型进行了描述。任何一种描述符都无法反映模型的所有信息，如何进一步提高三维模型形状描述符的质量是提高检索系统效率的关键。

三维模型检索系统的效率除了取决于形状描述符的质量外，还与三维模型的预处理和相似性匹配技术有着密切联系。由于测量环境、设备本身精度等不可控因素的影响，通过三维扫描仪获取的三维模型不可避免地含有噪声，噪声对模型形状描述符的提取有较大影响，对模型进行光滑预处理，能保障模型形状描述符提取的质量。同时，随着应用领域的拓宽，人们对视觉效果的追求以及非专业人员对三维模型的应用需求的增加，对三维模型的质量提出了更高的要求。因此，三维模型的光滑预处理对提高检索系统的效率和满足用户的需求都是十分必要的。

1.1　三维模型基础

1.1.1　三维模型的定义

数学中的点、线、面是其所代表的真实世界中对象的一种抽象，它们之间存在着一定的差别。例如，在数学中平面是二维的，没有厚度，体积为零；但是在真实世界中，一张白纸无论有多么薄，它也是一个三维的物体，具有一定的体积。这种差距造成了在计算机中以数学方法描述的形体可能是无效的，即在真实世界中不可能存在。如图 1.2 的立方体的边上悬挂着一张平面，立方体是三维物体，而平面是二维对象，它们联合在一起就不是一个有意义的三维物体。因此计算机中对三维模型的描述必须保证其有效性，满足如下性质的物体称为三维模型或三维实体：

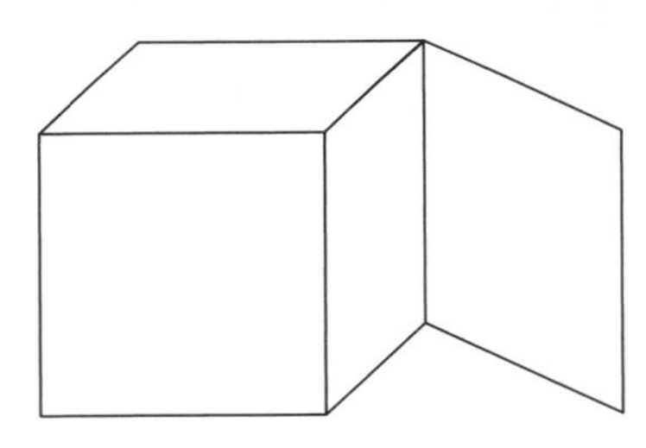

图 1.2　悬挂平面的立方体

(1) 具有一定形状。

(2) 具有确定的封闭边界（表面）。

(3) 是一个内部连通的三维点集。

(4) 占据有限的空间，即体积有限。

(5) 经过任意的运算之后，仍然是有效的物体。

从点集拓扑的角度也可给出三维模型的简洁定义：三维模型可以看作一个点集，它由内点与边界点共同组成。内点是指点集中具有完全包含于该点集的充分小邻域的一些点。边界点就是指那些不具备此性质的点集中的点。

点集的正则运算可以定义为

$$r \cdot A = c \cdot i \cdot A \tag{1.1}$$

式中：r 取内点运算；c 取闭包运算；A 为一个点集。

那么：$i \cdot A$ 即为 A 的全体内点组成的集合，称为 A 的内部，它是一个开集。

$c \cdot i \cdot A$ 为 A 的内部闭包，是 $i \cdot A$ 与其边界点的并集，它本身是一个闭集。

如果 A 满足 $r \cdot A = A$，则 A 称为正则点集。

正则运算可以解释为：先对物体取内点再取闭包的运算。

图 1.3 展示了此正则运算的过程：图 1.3（a）中的物体做取内点运算得到图 1.3（b），该运算去掉了物体所有的边界点，余下的即为物体的内部；图 1.3（b）中物体的内部做取闭包运算，得到其闭包图 1.3（c），它是一个正则点集。

由图 1.3 可以看出：正则运算的作用是去除与物体维数不一致的悬挂部分或孤立部

分，如三维物体的悬挂面、线，二维物体的悬挂线等。

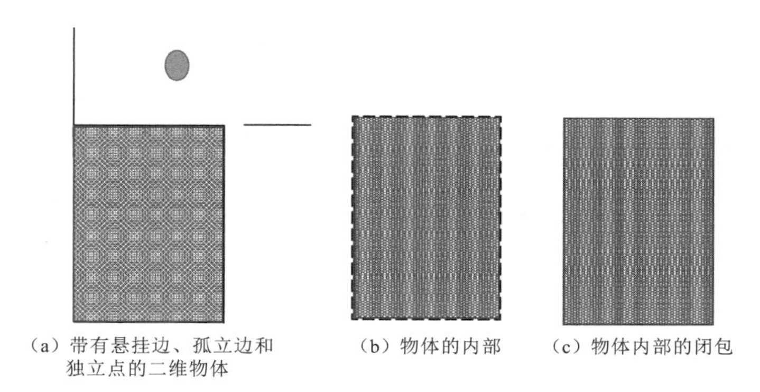

图 1.3 孤立的边或点

1.1.2 三维实体的二维流形定义

二维流形是指在三维模型上任一点都存在一个充分小的邻域，该邻域与平面上的圆盘是同构的，即该邻域与平面上的圆盘之间存在连续的 1－1 映射。在三维模型的定义中，引入二维流形概念的目的是为了排除正则点集中类似于图 1.4 的两个立方体所组成的物体。在此物体中，不是每个点的邻域都和平面上的圆盘同构。

结合二维流形的定义，我们进一步完善三维模型的定义：对于一个占据有限空间的正则点集，如果其表面是二维流形，则该正则点集为三维模型（有效物体）。这个定义中的条件在计算机中是可以检测的，对于衡量一个模型表示是否为实体是非常有用的。

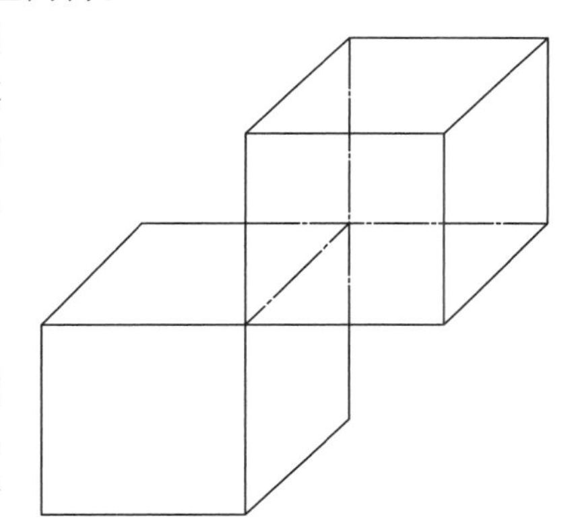

图 1.4 共边的两个立方体

1.1.3 正则集合运算

正则集合运算的功能主要是通过对简单模型作适当的运算来构造复杂的模型。模型可以看作是点集，对模型进行的运算主要是集合运算。需要注意的是对两个模型作普通的集合运算并不能保证其结果仍然是一个模型（图 1.5）。

正则集合运算 op＊ 表示为

$$A\mathrm{op}*B=r\cdot(A\mathrm{op}B) \tag{1.2}$$

式中：op 为普通的集合运算，即∪（并）、I（交）和—（差）；r 为正则运算，op＊ 为I＊（正则交）、∪＊（正则并）和—＊（正则差）。

（1）正则集合运算的过程可以描述为，先对 A、B 做普通集合运算，再做正则运算。若任意三维模型 S 可用其边界 bS 和其内部 iS 来表示，即：$S=bS\cup iS$。由三维模型的定义可知，边界 bS 是封闭的，它将整个三维空间分成三个区域：S 的内部 iS，其自身 bS 与 S 的外部 eS，可以看出边界与模型是一一对应的。因此，模型 A 和 B 正则集合运算 $A\mathrm{op}*B$，转化为求其边界 b（$A\mathrm{op}*B$）。

1）实体 A 的边界 bA 按其位于实体 B 的内部 iB、边界 bB、外部 eB 可分别表示为 $bA\cap iB$，$bA\cap bB$，$bA\cap eB$，即：$bA=(bA\cap iB)\cup(bA\cap bB)(bA\cap eB)$。

2）同理，实体 B 的边界 bB 可表示为：$bB=(bB\cap iA)\cup(bA\cap bB)\cup(bB\cap eA)$。

3）$bA\cap bB=bB\cap bA$ 是 A 和 B 的公共边界，它可以分为两部分：$(bA\cap bB)_{同侧}$ 和 $(bA\cap bB)_{异侧}$。$(bA\cap bB)_{同侧}$ 表示 A 与 B 位于这些边界的同一侧；$(bA\cap bB)_{异侧}$ 表示 A 与 B 位于这些边界的异测。

（2）对于 $A\cap{*}B$，由交的定义可得出如下结论：

1）A、B 两物体的边界位于对方内部的部分，即：$bA\cap iB$ 和 $bB\cap iA$ 是 $b(A\cap{*}B)$ 的组成部分。

2）A、B 两物体的边界位于对方外部的部分，即：$bA\cap eB$ 和 $bB\cap eA$ 不是 $b(A\cap{*}B)$ 的组成部分。

3）对于 A、B 的重合边界有：$(bA\cap bB)_{同侧}\in b(A\cap{*}B)$，$(bA\cap bB)_{异侧}\notin b(A\cap{*}B)$。

同理，可得到 A、B 正则并和差的边界表达式为：

$$b(A\cup{*}B)=(bA\cap eB)\cup(bB\cap eA)\cup(bA\cap bB)_{同侧} \tag{1.3}$$

$$b(A-{*}B)=(bB\cap eB)\cup(bB\cap iA)\cup(bA\cap bB)_{异侧} \tag{1.4}$$

以上过程如图1.5所示。

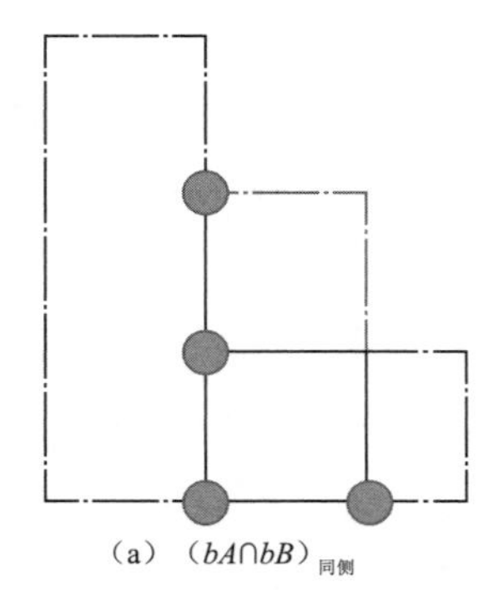

（a）$(bA\cap bB)_{同侧}$

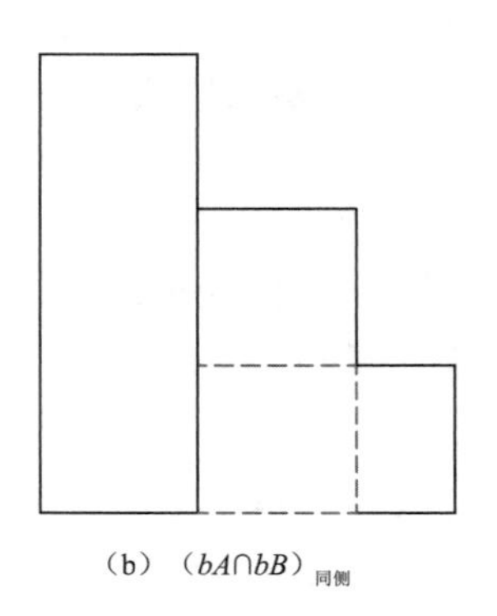

（b）$(bA\cap bB)_{同侧}$

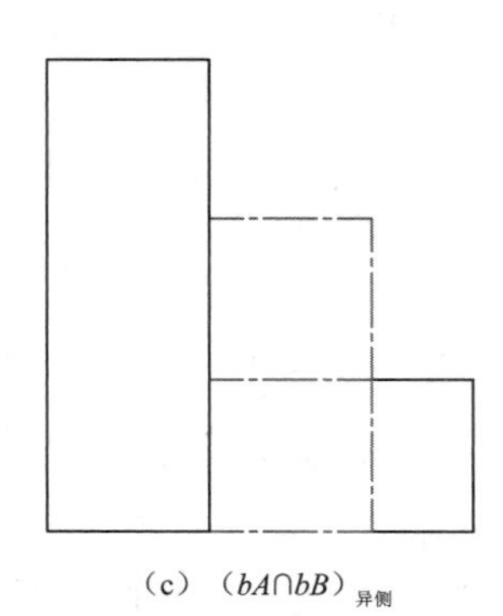

（c）$(bA\cap bB)_{异侧}$

图1.5　两个图形的交

1.1.4　几何模型的定义

图形对象的描述需要大量图形信息和非图形信息，图形信息是指对象及构成它的点、线、面的位置及其相互间关系和几何尺寸等；非图形信息表示这些对象图形的线型、颜色、亮度以及供分析和模拟用的质量、比重和体积等数据。图形信息常从拓扑信息和几何信息两方面考虑，几何信息是指形体在欧式空间中的位置和大小；拓扑信息是指形体各分量的数目及其相互之间的连接关系。

几何元素可以分为点、边、面、环和体。“点”是0维几何元素，在形体定义中一般不允许存在孤立点。在一维空间中，“点”用一元组 $\{t\}$ 表示；在二维空间中，“点”用二元组 $\{x,y\}$ 或 $\{x(t),y(t)\}$ 表示；在三维空间中，“点”用三元组 $\{x,y,z\}$ 或 $\{x(t),y(t),z(t)\}$ 表示；n 维空间中的点在齐次坐标系下用 $n+1$ 维表示。“点”是几何造型中的最基本的元素，自由曲线、曲面或其他形体均可用有序的点集来表示。计算机中存储、管理、输出形体的实质就是对点集及其连接关系的处理。

（1）在自由曲线和曲面的描述中，经常使用的“点”有三类：

1）控制点。用来确定曲线和曲面的位置和形状，相对应的曲线和曲面不一定经过该点。

2）型值点。用来确定曲线和曲面的位置和形状，相对应的曲线和曲面一定经过该点。

3）插值点。为了提高曲线和曲面的输出精度，在型值点之间插入的一系列的点。

（2）“边”是一维几何元素，是两个相邻面（正则形体）或多个邻面（非正则形体）的交界。“边”可分为直线边和曲线边，直线边由其端点（起点和终点）定界；曲线边有一系列型值点或控制点表示，可以表示为显式或隐式方程的形式。

（3）“面”是二维几何元素，是形体上一个有限、非零的区域，由一个外环和若干个内环界定其范围。一个“面”可以无内环，但必须有一个且只有一个外环。在计算机表示的三维模型中，“面”是有方向的，一般使用其外法矢方向作为该“面”的正方向，若一个面的外法矢向外，则此“面”定义为“正向面”；若一个面的外法矢向内，则此“面”定义为“反向面”。区分正向面和反向面在进行面面求交、真实图形显示、变形等方面都有十分重要的意义。在几何造型中，常见的曲面有平面、二次面和双三次参数曲面等形式。

（4）“环”是有序、有向边（直线或是曲线段）组成的面的封闭边界。“环”中的所有边不能相交，相邻的两条边共享一个端点。“环”可以分为“外环”和“内环”，“外环”是指确定“面”的最大外边界的环，通常它的边按照逆时针方向排序；“内环”是指确定“面”中的内孔或凸台边界的环，其边相应外环排序方向相反，通常按顺时针方向排序。如图 1.6 所示，在“面”上沿一个环前进，其左侧总在“面”内，右侧总在面外。

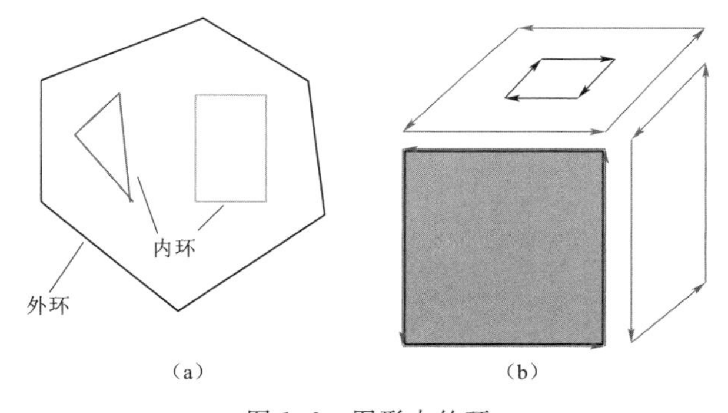

图 1.6 图形中的环

（5）“体”是三维几何元素，它是由封闭表面围成的空间，是欧式空间中非空、有界的封闭子集，其边界是有限面的并集。常用的体素一般采用三种定义方式：

1）从实际形体中进行选择，如可用一些确定的尺寸参数控制其最终位置和形状的一组单元，如圆柱体、正方体、长方体、球体等。

2）由参数定义的一条（或一组）界面轮廓线沿一条（或一组）空间参数曲线作扫描运动而产生的形体。

3）用代数半空间定义的形体。

1.1.5 几何分量间的关系

三维模型中的几何分量的关系是指模型中点、线和面之间的关系，如图 1.7 所示。对于不同用户的需求，感兴趣的几何分量并不相同。例如，在笔画式输入输出设备中是以描

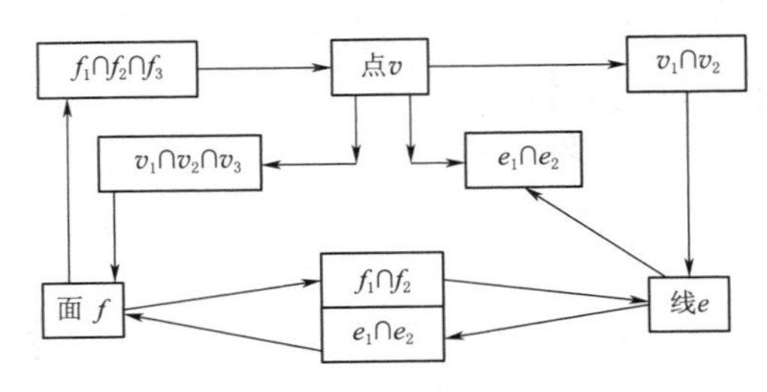

图 1.7　形体几何分量间的相互关系

述形状的轮廓线为主，因此三维形体顶点的几何信息是较为重要的；光栅扫描型输入输出设备中是主要处理具有阴影和明暗度的图形，因此三维形体的“面”是比较重要的。

若只用几何信息表示三维模型并是不很充分，有时会出现三维模型的二义性，因此三维模型的表示除了几何信息外，还应该同时提供几何分量之间的连接关系，即三维模型的拓扑关系。三维模型的拓扑信息是指边、顶点和面之间的连接关系。多面体的顶点、线和面之间的拓扑关系可以概括为图 1.8 中的 9 种不同的描述形式。从图 1.8 可知，由已知的拓扑关系可以推导出另外一些拓扑关系。

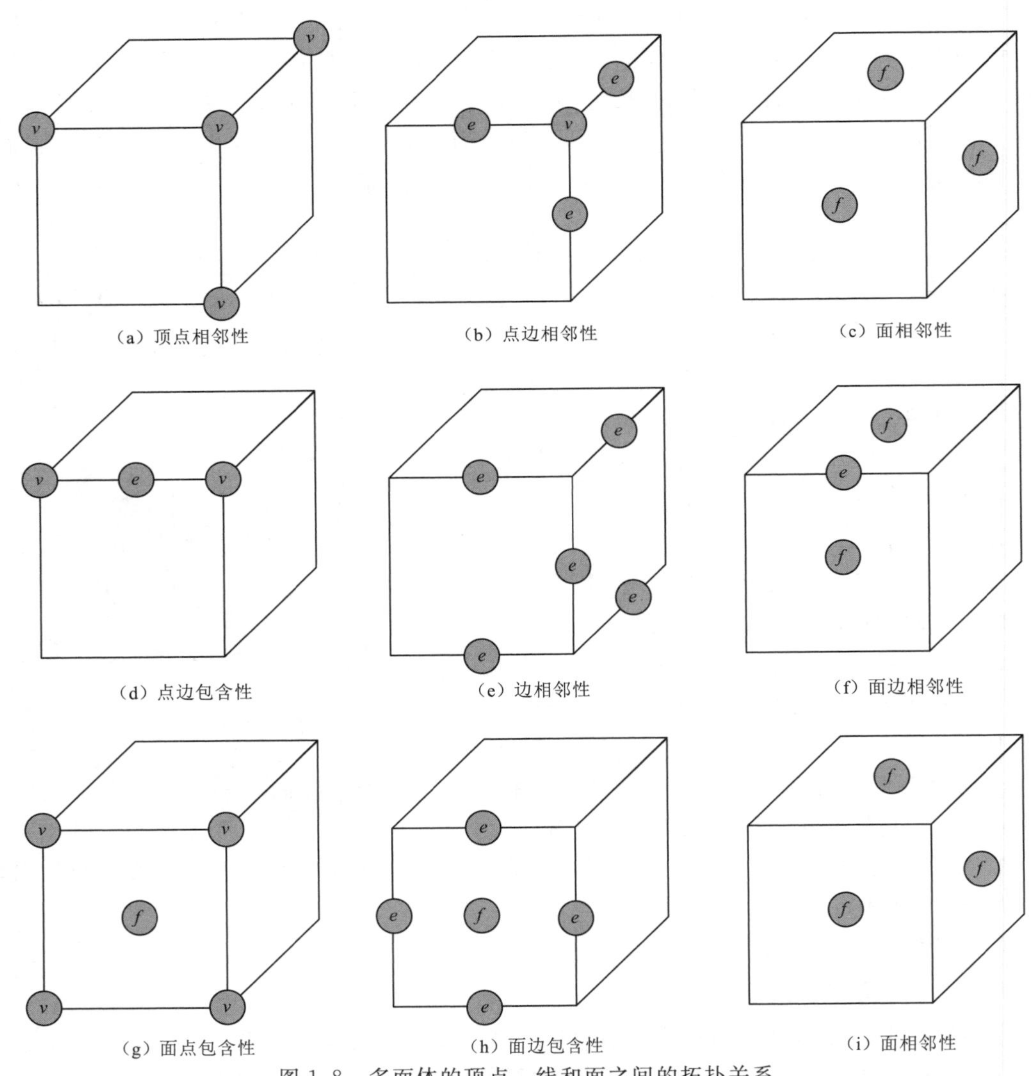

图 1.8　多面体的顶点、线和面之间的拓扑关系

对于不同的用户和功能需求，不需要关注三维模型中的所有拓扑关系。例如，对于画线的图形系统来说，需要知道从顶点如何连接成边、面等几何单元的信息，即 $v\rightarrow\{v\}$，$e\rightarrow\{v\}$，$f\rightarrow\{v\}$ 这些三维模型的拓扑关系；在需要对三维模型消隐线、面的算法中，需要知道面的相邻关系，即 $f\rightarrow\{f\}$ 的拓扑关系；在需要对三维模型进行合并的运算中，则需要知道顶点的邻接面，即 $v\rightarrow\{f\}$ 的拓扑关系。

三维模型最常用的表示方法是使用一组包围物体内部的表面多边形来描述其边界。三维模型的表面通常以线性方程的形式描述，此描述方法可以简化并加速物体表面的绘制和显示。在计算机中，三维模型的表面通常是以多边形来描述的，多边形描述常被称为“标准图形物体”。用顶点坐标集和相应属性参数可以给定一个多边形表面，当三维模型的每个多边形的信息被输入计算机后，它们就会存放在若干个表中，以便用户对三维模型的后期处理和显示。三维模型的多边形表面数据表可以分为两大类：几何表和属性表。几何表包括顶点坐标和用来标识多边形表面空间方向的参数；属性表包括指明物体透明度及表面反射度的参数和纹理特征。存储几何数据的常用方法是建立三张表，分别是顶点表、边表以及多边形面表，如图 1.9 所示。三维模型中的每个顶点坐标值都存储在顶点表中；同时边表为多边形的每条边标识顶点；多边形表用来标识每个多边形。为了便于使用，我们为每个物体及其组成多边形面片赋予标识符。使用顶点表、边表以及多边形表的形式存储三维模型的几何信息，可以方便地引用每个三维模型的单个组成部分，如三维模型中的任意边、顶点以及多边形，如图 1.9 所示。

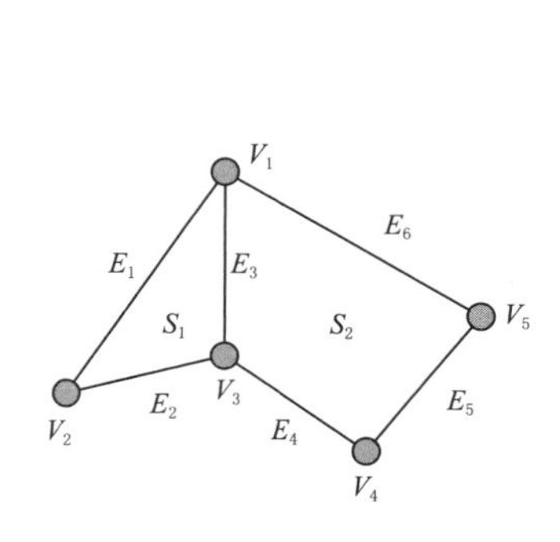

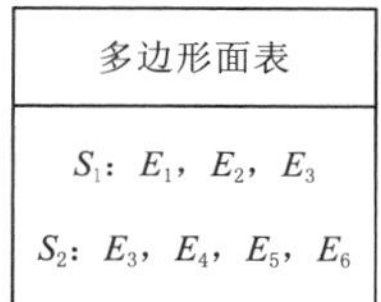

多边形面表
S_1：E_1，E_2，E_3
S_2：E_3，E_4，E_5，E_6

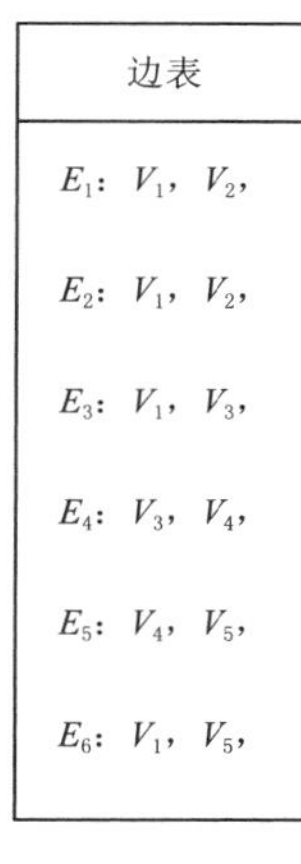

边表
E_1：V_1，V_2，
E_2：V_1，V_2，
E_3：V_1，V_3，
E_4：V_3，V_4，
E_5：V_4，V_5，
E_6：V_1，V_5，

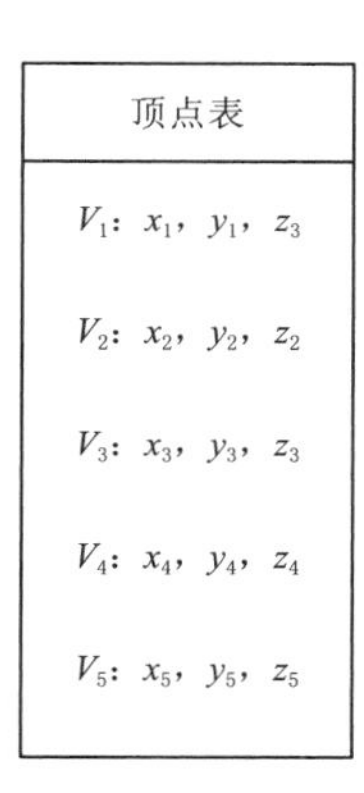

顶点表
V_1：x_1，y_1，z_3
V_2：x_2，y_2，z_2
V_3：x_3，y_3，z_3
V_4：x_4，y_4，z_4
V_5：x_5，y_5，z_5

图 1.9　顶点表、边表以及多边形面表

（S 表示面，E 表示边，V 表示顶点）

存储三维模型几何信息的另一种方法是仅用两张表：顶点表和多边形表，但是这种方法会产生某些边可能要画二次的情况；还有一种方法就是只用一张多边形表，由于每个多边形中的每个顶点的坐标值都需要列出来，因此，坐标信息会有重复现象，同时边的信息也会由多边形表中的顶点重复构造。实际应用中，也可在这三张表的基础上，额外增加信息来加快三维模型信息的提取。例如，将边表扩充为面的信息（图 1.10）。

三维模型的几何数据包含了复杂物体中的顶点和边的扩充列表，此时，当顶点、边和

E_1:	V_1, V_2, S_1
E_2:	V_2, V_3, S_1
E_3:	V_1, V_3, S_1, S_2
E_4:	V_3, V_4, S_2
E_5:	V_4, V_5, S_2
E_6:	V_1, V_5, S_2

图 1.10　扩充的边表
（S 表示面，E 表示边，V 表示顶点）

多边形被指定后，某些输入错误有可能导致物体显示失真，特别是在交互式应用的情况。数据表中的信息越多，就越容易出现错误。使用顶点、边和多边形表的形式可以提供更多的信息，从而使得错误检查更容易。可见，数据的一致性检验和完整性检验是非常重要的。很多图形处理软件包可以完成大部分的测试工作，例如：每个顶点至少是两条边的端点；每条边至少是一个多边形的部分；每个多边形是封闭的；每个多边形至少有一条公共边；如果边表包含对多边形的指针，则每一个被多边形指针引用的边应有一个逆时针指针指回到多边形本身。

为了产生一个三维模型的显示，一些处理过程需要有关物体部分表面的空间方向的信息，这些信息来源于顶点的坐标值和其所在多边形所在的平面方程。多边形所在的平面方程可表示为

$Ax+By+Cz+D=0$，其中 (x,y,z) 是平面中的任意一点，系数 A，B，C 和 D 是描述空间和空间特征的常数。

将平面多边形中三个不共线的点 (x_1,y_1,z_1)、(x_2,y_2,z_2) 和 (x_3,y_3,z_3) 的坐标值带入方程，以获得 A、B、C 和 D 的值：

$$(A/D)x_k+(B/D)y_k+(C/D)z_k=-1(k=1,2,3) \tag{1.5}$$

由此可得平面方程中的系数为

$$A=y_1(z_2-z_3)+y_2(z_3-z_1)+y_3(z_1-z_2) \tag{1.6}$$

$$B=z_1(x_2-x_3)+z_2(x_3-x_1)+z_3(x_1-x_2) \tag{1.7}$$

$$C=x_1(y_2-y_3)+x_2(y_3-y_1)+x_3(y_1-y_2) \tag{1.8}$$

$$D=-x_1(y_2z_3-y_3z_2)-x_2(y_3z_1-y_1z_3)-x_3(y_1z_2-y_2z_1) \tag{1.9}$$

最终平面的线性方程可表示为

$$(A/D)x_k+(B/D)y_k+(C/D)z_k=-1(k=1,2,3) \tag{1.10}$$

1.1.6　多边形表面的方向

平面的空间方向可以用平面的法向量来表示，如图 1.11 所示。通常讨论的是包含三维模型内部的多边形平面，因此需要区分平面的两个不同的侧面，即面向三维模型内部的一面称为“内侧面”，面向三维模型尾部的一面称为“外侧面”。如果多边形顶点指定为按照逆时针方向，则在右手坐标系中观察平面的外侧面时，法向量方向是由里向外的。

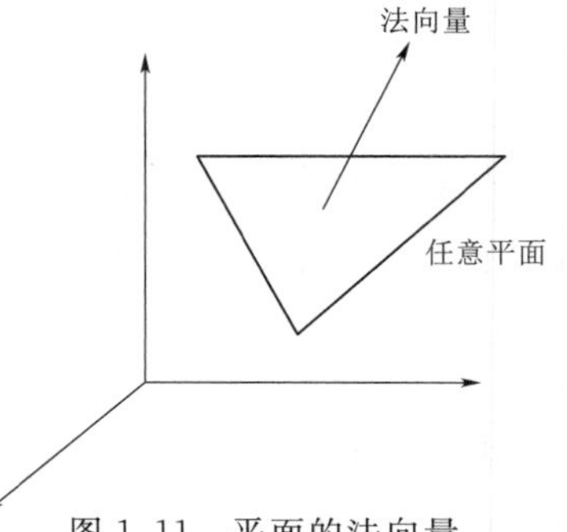

图 1.11　平面的法向量

平面方程可以用来鉴别空间任意点和三维模型表面之间的位置关系，对于任意点 (x,y,z) 有以下 4 种关系：

（1）若 $Ax+By+Cz+D=0$，则点 (x,y,z) 在表面。

（2）若 $Ax+By+Cz+D\neq0$，则点 (x,y,z) 不在表面。

(3) 若 $Ax+By+Cz+D<0$，则点 (x,y,z) 在表面的内部。

(4) 若 $Ax+By+Cz+D>0$，则点 (x,y,z) 在表面的外部。

高性能的图形系统通常采用多边形网格（一般是三角网络）来描述三维模型，并且建立几何及属性信息库用来处理三角面片，从而实现对三维模型的处理工作。

1.2 三维模型的表示方法

三维模型的表示有多种形式，从宏观上可以分为体素表示法（Voxel Representation）、边界表示法（Boundary Bepresentation）、实体表示法（Constructive Solid Geometry）和点表示法（Dot Representation）。不同的表示法适用于不同的三维模型应用领域，三维模型形状描述符的提取过程和模型的表示形式是密切相关的，不同的提取算法适用于不同的模型表示法。

1.2.1 体素表示法

在三维空间中，三维模型被分割表示为互不相交的“黏合”在一起的更基本的体素(voxel)。基本体素的大小、类型和位置可以是多种多样的，但是通常来说，体素的形状比较简单。用体素来表示三维模型有以下 3 种方式：

1. 空间位置枚举表示法

首先介绍二维图形空间枚举方法。将一幅二维平面上的图像分割成大小相同、形状规则的像素（可以是正方形），然后以像素的集合来表示图形，采用二维数组作为其数据结构。三维空间的位置枚举就是将二维图形的空间枚举扩展到三维空间即可。通常，物体的体积总是有限的，选择一个包含物体的立方体作为考虑的空间，将立方体划分为大小均匀的小立方体，小立方体的边长表示为 Δ，然后建立三维数组 $C[I][J][K]$，使得数组中的每一元素 $C[i][j][k]$ 与坐标为 $(i\cdot\Delta, j\cdot\Delta, k\cdot\Delta)$ 的小正方体一一对应，如图 1.12 所示。当该立方体被物体所占据时 $C[i][j][k]=1$，否则 $C[i][j][k]=0$。数组 C 就唯一的表示包含于该立方体之内的三维模型，数组的大小取决于空间分辨率（Δ）的大小和所感兴趣的立方体空间的大小。

空间位置枚举法属于穷举表示法，在通常情况下，空间位置枚举法仅是三维模型的近似表示。此方法有其明显的优缺点：优点是此方法可以用来表示任意的三维模型，并且空间位置枚举法很容易实现物体的集合运算以及计算物体的体积等整体性质；缺点是这种方法没有给出物体明确的边界信息，不适合图形显示，同时这种方法占据的存储量非常大。例如将上述立方体空间划分成 $1024\times1024\times1024$ 个立方体，那么表示该空间中的物体就需要 1G 的存储空间。

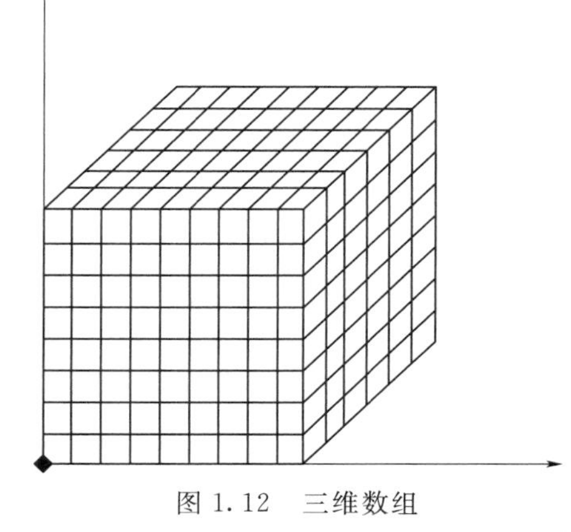
图 1.12　三维数组

2. 八叉树表示法

首先考虑二维空间的情况，将二维空间中的

正方形区域作为四叉树的根节点，这个根节点可能处于 3 种状态：完全被图形覆盖，用符号 F(Full) 标识；部分覆盖，用符号 P(Partial) 标识；完全不覆盖，用符号 E(Empty) 标识。若根节点处于状态 F 或 E，则四叉树建立完毕；否则，将其划分成 4 个小正方形区域，分别标识为 0，1，2，3，如图 1.13 所示。这 4 个小正方形区域就形成了第一层的子节点，对其进行类似与根节点的处理。如此循环，直至建立起图形的四叉树表示，如图 1.14 所示。对于状态为 P 的分割层次可以根据实际需要予以指定，例如：若根节点是边长为 1024 单位的正方形，希望表示图形的最小正方形的边长不小于 1 个单位，则分割层 1 次就不能超过 10。

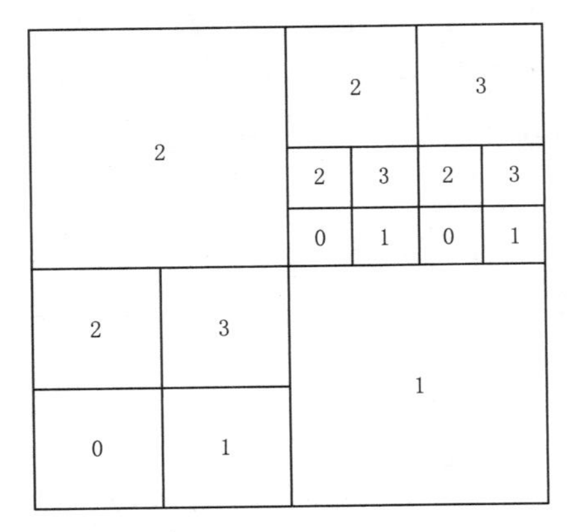

图 1.13　正方形分区

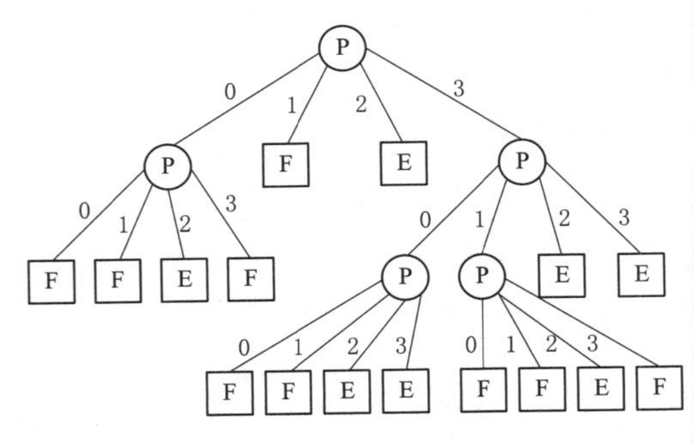

图 1.14　四叉树建立

八叉树表示是对空间位置枚举法的改进。这种方法并不是统一将物体所在的立方体空间均匀划分成边长为 Δ 的小立方体，而是对空间进行自适应划分。用八叉树表示三维模型和四叉树大体相同。

（1）八叉树表示的优点。

1）易于实现实体之间的正则集合运算。以正则并为例，假设已经获得 A，B 实体的八叉树表示，为求 $A \cap * B$ 只要遍历 A、B 的八叉树，将它们对应的节点取并，同时将结果插入到 $A \cap * B$ 八叉树的相应位置。

2）容易计算实体的整体性质，如质量和体积等。八叉树中的每一层节点的体积都是已知的，只要遍历一次即可获得整个实体的体积信息。

3）容易实现隐藏线和隐藏面的消除。在八叉树表示中，各节点之间的序关系简单且固定，使得计算比较容易。消除隐藏线和隐藏面算法的关键是对物体（及其不同部分）按其距离观察点的远近排序。

（2）八叉树表示的缺点。

1）八叉树通常不能精确地表示一个三维模型。

2）对八叉树表示的实体做任意几何变换比较困难。

3）尽管采用了自适应空间分割，八叉树表示仍然需要较大额存储空间。

4）减少所需的存储空间的方法很多。例如线性八叉树是八叉树的等价形式，它们之间很容易实现相互转换。线性八叉树表示适于存储（线性八叉树是用线性结构来存储八叉树），当需要对实体作各种运算时，在将其转换成八叉树表示形式。

3. 单元分解表示法

单元分解表示法从另一个角度对空间位置枚举表示做了改进，它是以不同类型的基本体素（而不是单一的立方体）通过“黏合”运算来构造新的实体。基本体素可以是任意简单实体，如圆柱、圆锥、多面体等，这些与球拓扑同构的物体。黏合运算使得两个实体在边界面上相接触，但是它们的内部并不相交。通过上述分析，只要基本体素的类型足够多，单元分解表示法就能表示范围相当广泛的三维模型，如图 1.15 所示。

单元分解表示的缺点如下：

（1）单元分解表示法不具有唯一性，即统一三维物体可具有多个表示形式，如图 1.16 所示。

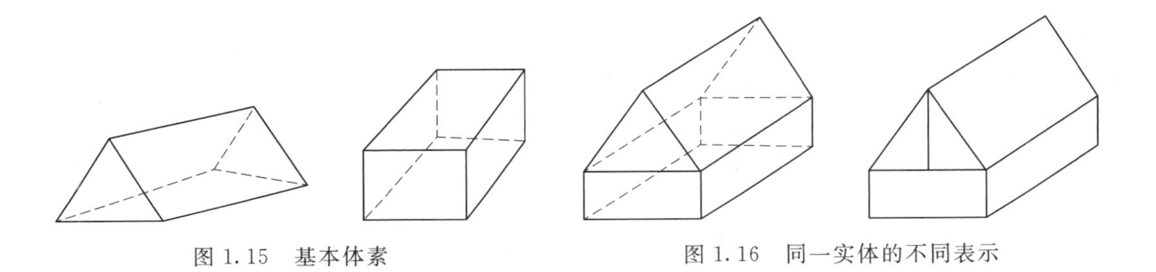

图 1.15　基本体素　　　　图 1.16　同一实体的不同表示

（2）单元分解表示所构造的三维物体的有效性难以保证。空间位置枚举表示法和八叉树表示法中的三维模型的有效性是自动得到保证的。

1.2.2　边界表示法

三维模型的边界表示法是通过描述实体的边界来表示一个三维物体的方法。三维模型的边界与实体是一一对应的，定义了三维模型的边界，该模型就被唯一的确定了。三维模型的边界可以用平面多边形或曲面片来表示。通常情况下，曲面片最终都被近似地离散成多边形来处理。

简单多边体是指与球拓扑同构的多面体，即它可以连续变换成一个球，满足欧拉公式：$v-e+f=2$（v 是多面体的顶点数，e 是多面体的边数，f 是多面体的面数），具体实例如图 1.17 所示。

欧拉公式是一个多面体为简单多面体的必要条件，而不是充分条件。也就是说如果一

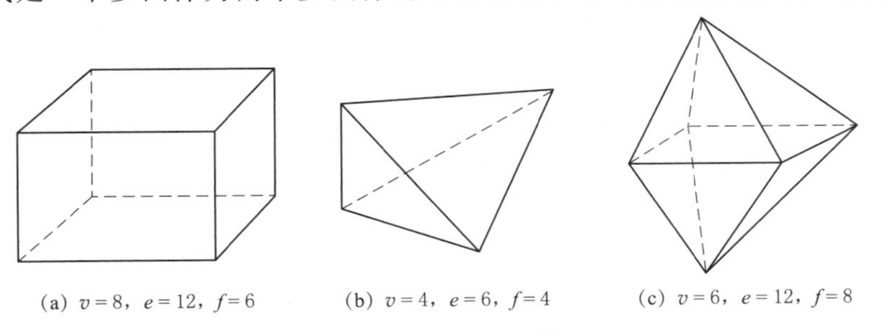

(a) $v=8$，$e=12$，$f=6$　　(b) $v=4$，$e=6$，$f=4$　　(c) $v=6$，$e=12$，$f=8$

图 1.17　简单多边体

个三维多面体不满足欧拉公式，则它一定不是简单多面体，但满足欧拉公式的多面体不一定是简单多面体。非简单多面体满足下面的广义欧拉公式：

$$v-e+f-r=2(s-h) \tag{1.11}$$

式中：v 为多面体的顶点数；e 为多面体的边数；f 为多面体的面数；r 为多面体表面上的孔的个数；h 为贯穿多面体的孔洞的个数；s 为相互分离的多面体数。

与欧拉公式一样，广义欧拉公式仍然是检查一个具有多边形表面的三维物体是否为实体的必要条件。

最简单的三维模型边界表示法是将多面体表示为构成其边界的一系列多边形，每个多边形又由一系列顶点坐标来表示。为了反映多边形的朝向，将其顶点统一按照逆时针（或顺时针）排列。在使用计算机进行保存时，必须保存所有多边形的每个顶点的坐标值，这样很浪费存储空间。若只保存每个多边形的各顶点的序号（即索引值），然后将所有顶点的坐标值存放在一个数组中，就可以避免这种存储空间的浪费。在这种表示中，多边形物体的边的信息是隐含的，即多边形顶点序列中相邻两个顶点构成多边形的一条边。也就是说，在这种数据结构中并没有包含三维物体完整的拓扑信息，使得对三维模型的操作效率不高。例如，若要确定三维模型中哪两个多边形共享一个边，需要遍历包含某条边的所有多边形才能确定。

三维模型边界表示法的数据结构必须同时正确、完整地表示出此三维模型的几何信息和拓扑信息。三维模型中多边体的拓扑关系可以描述为以下几种：

$v\to\{v\}$；$v\to\{e\}$；$v\to\{f\}$；$e\to\{v\}$；$e\to\{e\}$；$e\to\{f\}$；$f\to\{v\}$；$f\to\{e\}$；$f\to\{f\}$。

其中，“→”表示数据结构中包含从左端元素指向右端元素的指针，表明可从左端元素直接找到右端元素，每一种关系都可由其他关系通过恰当的运算得到。

在三维模型边界表示法中需要采用哪种拓扑关系或关系的组合取决于边界表示法所需支持的各种运算和存储空间的限制。例如，若三维模型的边界表示要支持从边查找共享该边的多边形运算（$e\to\{f\}$），则该模型的数据结构中最好包含这一拓扑关系。在三维模型的数据结构中保存的拓扑关系越多，那么后期对三维模型的操作就越方便，但其所占用的存储空间也就越大。因此，三维模型的存储结构需要根据实际情况妥善选择拓扑关系，力求多方兼顾，提高系统的整体效率。

1.2.3　多边形表示方法

三维模型可以用多边形网格的方式表示出来，一个多边形网格就是利用多边形单元（如三角形、四边形等），对一个连续曲面的分割和近似。更为精确地描述是：网格 M 可以被定义为一个多元组（V,K），其中 $V=\{v_i\in R^3 \mid i=1、\cdots、N_v\}$ 是模型的顶点集合（R^3 中的点），K 包含点之间的连接信息，即顶点如何连接以形成网格的边和面。例如，由一个三角形构成的网格可以表示为（$\{v_0,v_1,v_2\},\{\{v_0,v_1\},\{v_1,v_2\},\{v_2,v_0\},\{v_0,v_1,v_2\}\}$），多元组中的元素分别代表三个顶点、三条边以及构成的三角形。

在多种三维模型的表示方法中，三角网格以其灵活、简单、易处理等优点成为了三维模型主要的表示方法，在计算机图形学和辅助设计领域中，三角网格已经成为表示三维模型的标准格式。

很多三维模型的研究工作都基于三角网格模型的基础之上，且仅限于具有二维流形特性的三角网格模型。具有二维流形特性是很多三维模型处理算法的必要条件，需要满足以下条件：

（1）模型表面任意两条边只在公共端点相交，任意两个三角面片只在公共顶点或公共边相交。

（2）模型表面不存在独立的边、独立的三角面片。

（3）一条边仅是两个三角面片的公共边。

（4）网格表面的每个顶点及其邻域都拓扑同构于一个圆。

图 1.18 给出了几个非流形三角网格的实例。

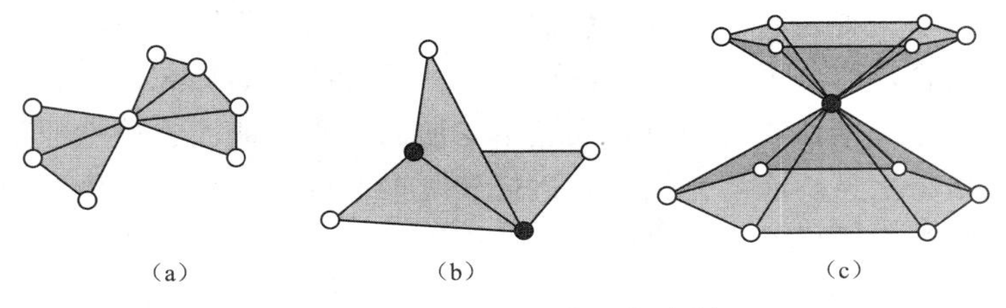

图 1.18　非流形三角网格实例

一个三角网格曲面可以定义为 $M=(v,\varepsilon)$ 或 $M=(v,T)$，其中 $v=\{v_1,v_2,\cdots,v_m\}$ 是网格曲面上顶点的集合，$\varepsilon=\{e_{ij}\}$ 是网格曲面上边的集合，$T=\{t_, t_2,\cdots,t_n\}$ 是网格曲面上三角面片的集合，具体示例如图 1.19 所示。

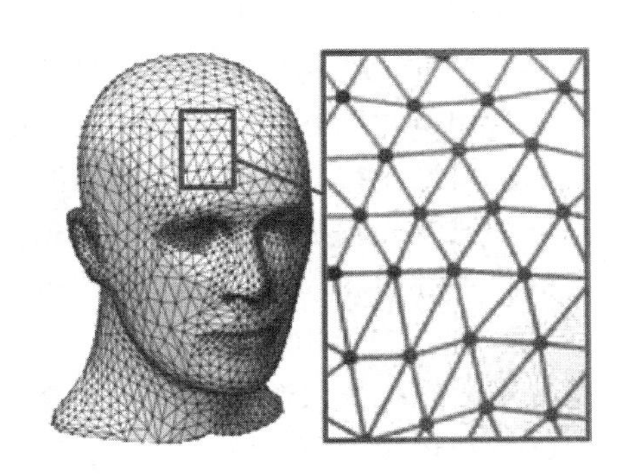

图 1.19　三角网格模型示例

三维模型的每条边 $e_{ij}=[v_i,v_j]$ 都包含一对顶点 $\{v_i,v_j\}$，若两个不同的顶点 $v_i,v_j\in v$ 被一条边相连，即 $e_{ij}\in\varepsilon$，则称这两个顶点是相邻的，记作：$v_i\sim v_j$ 或 $i\sim j$。顶点 v_i 的邻域记作 $v_i^*=\{v_j\in v:v_i\sim v_j\}$，顶点 v_i 的度 d_i 是 v_i^* 中元素的个数，图 1.20 是顶点 v_i 的 1 阶邻域的示意图，v_i 的度 $d_i=6$。

一个三角面片 $t\in T$ 有 3 个顶点 v_i,v_j 和 v_k，如图 1.21 所示。三角面片的法向量$n(t)$

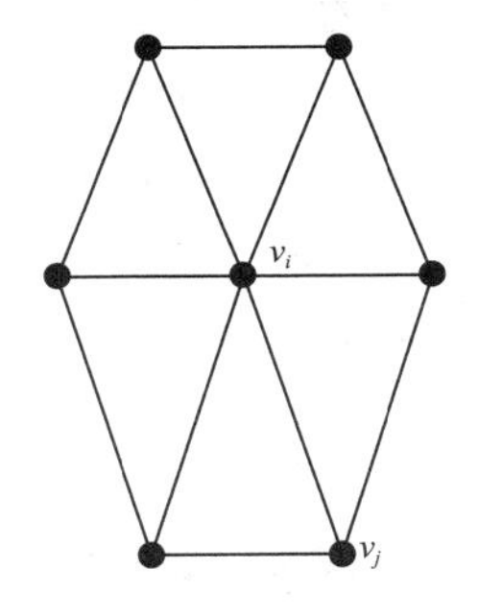

图 1.20　顶点 v_i 的 1 阶邻域

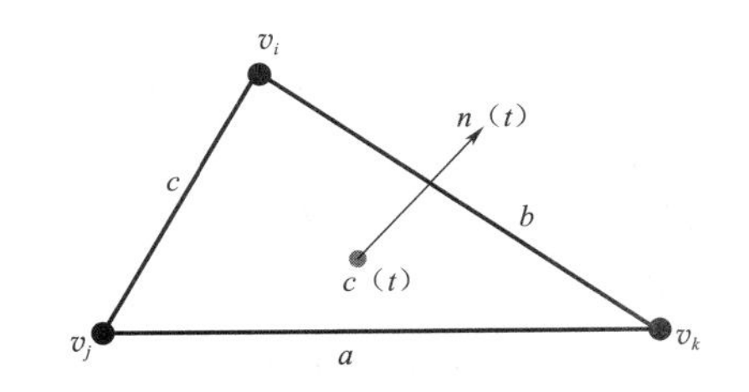

图 1.21　三角面片的顶点和法向量

由两个边向量的叉积得到

$$n(t)=\overrightarrow{v_iv_j}\times\overrightarrow{v_iv_k}=\overrightarrow{v_kv_i}\times\overrightarrow{v_kv_j}=\overrightarrow{v_jv_i}\times\overrightarrow{v_jv_k} \tag{1.12}$$

顶点 v_i 的法向量 $n(v_i)$ 是其 1 - ring 阶邻域内所有三角面片法向量的均值

$$n(v_i)=\frac{1}{d_i}\sum_{t_j\in T(v_i^*)}n(t_i) \tag{1.13}$$

三维模型存储的常用格式有：*.off、*.obj 和*.ply 等。普林斯顿大学提供的标准三维模型库中的模型都是以*.off 格式保存的。本书后续内容所使用的三维模型都是以*.off 格式存储。

1.2.4 点云表示方法

三维点云模型是一种新兴的三维模型的表示方法，它采用同一空间参考系下的非结构化的表面采样点集合，这些采样点可以准确地反映目标的空间分布情况。点云表示方法与其他三维模型表示方法相比，三维点云模型不受曲面方程和曲面连续性的限制，不需要维护采样点之间的拓扑信息，能够方便地表达任意复杂的模型和呈现出更多的物体细节，并且可以通过三维激光扫描仪等设备直接采集并输出。

1. 三维点云数据的获取

三维激光扫描仪是产生三维点云模型的主要设备，三维激光扫描技术不受光线限制，它是利用激光测距原理，能够在不接触被测量物体的情况下，高速的获取测量三维物体表面密集的空间信息，快速生成复杂场景的三维点云模型。按照工作原理，常见的地面三维扫描仪可分为相位式和脉冲式两类，两者的差别主要在于如何计算扫描仪和被测物体之间的距离，相位式激光扫描仪利用激光的波长和激光在激光器与被测物体间传播一次形成的相位差，脉冲式激光扫描仪则是根据激光在发射器与接收器之间的飞行时间差，然后结合扫描设备的水平方向和垂直方向的旋转角度，最终得到采样点的三维空间坐标、反射强度等基本信息。

随着三维激光扫描仪测量精度的提高以及数据处理技术的进步，三维激光扫描技术在逆向工程、特殊环境测量、测绘、古建筑保护、自动驾驶等领域得到了广泛的应用。

逆向工程是用一定的测量方法对三维物体进行测量，然后利用测量数据对实物的三维模型进行重构。测绘与地理信息系统是结合激光、全球定位系统和惯性测量系统的激光雷达技术，能够为城市规划等应用提供高精度的三维地理信息。机器人导航与自动驾驶技术是利用三维激光扫描仪快速、实时获取环境及周围物体的空间坐标信息，并对原始数据进行快速有效的处理，为路径规划以及物体躲避等指令提供准确的空间数据支持，从而实现自动驾驶和实时导航。在文物考古和文化遗产保护领域，高精度的非接触性地三维激光扫描技术得到了广泛的应用，并取得了令人瞩目的成就。如中国故宫博物院的数字故宫、秦兵马俑博物馆的三维数字建模等项目。在游戏及影视领域，三维激光扫描技术可以在较短的时间内采集现实世界中的人物、物体以及场景等三维物体的数据，并快速建立相对应的三维模型，取得了惊人的视觉效果。

2. 三维点云模型的表示

点云一般是利用三维扫描设备对物体进行扫描而获取的一系列单独的离散点。它不包含各个点之间的任何顺序和连通性，点云中的每个点分别包含三个空间坐标信息 X、Y 和

Z，点云坐标精确地记录了三维模型的表面信息以及几何形状。

三维激光扫描仪获得的点云数据大致可以分为4类：散乱点云、扫描线点云、网格化点云以及多边形点云，如图1.22所示。散乱点云是指测量所得的点云没有明显的空间分布规律，呈现出一种无序的状态。扫描线点云是指在结构上由一组扫描线组成，并且每条扫描线上的点位于同一扫描平面内。网格点云数据是指点云中的每个点都与参数域中的顶点对应。多边形点云数据是指点云中的测量数据分布在一系列的平面内，用线段将距离最近的相邻点相连即可得到相应的多边形数据。

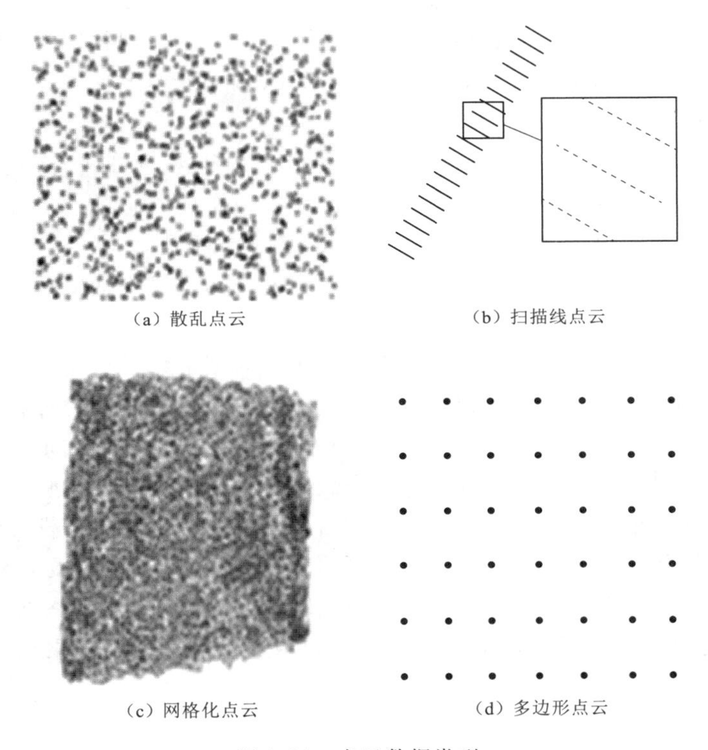

图1.22　点云数据类型

三维模型的点云数据采用离散的采样点集来表示连续的三维物体的外表面，即在连续的三维物体的外表面上，按照一定的采样规则（如基于曲率变化的采样、均匀的采样等）产生一系列称之为采样点的三维坐标 $p_i=$ $(i=1,2,\cdots,n)$，其中 n 为采样点数。每个采样点 p_i 通常包含三维物体的几何信息（采样点的坐标值和法向量的坐标值）、表面信息（如纹理和颜色）以及其他属性（如材料属性）等。

最简单的点云模型表示方法是以单个像素点表示一个采样点的，这种方法易导致渲染时出现孔洞现象。为了避免这一缺点，需要对三维模型进行不断的采样，这会导致点云模型的采样点数量急剧增多，增加了几何处理及后期处理的难度。为了提高点云模型的处理效率，可以采用椭圆来拟合三维模型曲面。

该方法利用一个具有一定大小的椭圆来表示一个采样点，如果椭圆的长短轴相同，则椭圆会退化为圆形。

1.3　三维模型的文件格式

随着数据获取技术、计算机处理能力以及存储空间的发展，数字多媒体数据经历了一维声音、二维图像、二维视频为主要表现形式的三个阶段。近年来，三维几何模型作为一种新兴的数字多媒体技术，以其强烈的真实感、更符合人类的直观感觉等优点，受到了工业界和学术界的广泛关注。现今，三维模型被广泛应用于电子商务、工业设计以及医疗卫生等各个领域中，并产生了越来越显著的成果。针对不同的应用领域和实践需要，三维模型产生了多种不同的存储格式，如 .abc，.fbx，.ply，.obj 等多种格式的文件。

1．.abc 格式

.abc 格式是 ILM、Sorry Pictures 与 Imageworks 共同开发的一个开放源码系统，其目标是为了解决特效界的共同问题，即如何可以共享复杂的动态场景，跨越不同软件之间的界限，格式被命名为 Alembic（蒸汽机）。.abc 格式本质上就是一个 CG 交换格式，专注于有效的存储、共享动画与特效场景、跨越不同的应用程序或是软件。

2．.gltf 格式

.gltf 格式是一种可以减少 3D 格式中与渲染无关的冗余数据并且在更加适合 OpenGL 加载的一种 3D 文件格式。.gltf 的提出是源自 3D 工业和媒体发展的过程中，对 3D 格式统一化的迫切需求。在没有出现 .gltf 格式的时候，需要花很长的时间来处理三维模型的载入。很多的游戏引擎都是使用插件的方式来载入各种格式的三维模型。可是，各种格式的三维模型都包含了很多无关的信息，就 gltf 格式而言，对于那些对载入格式不是那么重要的软件，可以显著地减少代码量。因此，可以说 .gltf 格式最大的受益者是那些对程序大小敏感的 3D Web 渲染引擎，只需要很少的代码就可以顺利地载入各种三维模型了。此外，.gltf 是对近 20 年来各种 3D 格式的总结，使用最优的数据结构来保证最大的兼容性以及可伸缩性。

3．.bvh 格式

.bvh 是 BioVision 等设备对人体运动进行捕获后产生的文件的扩展名，bhv 文件包含角色的骨骼和肢体关节旋转数据。.bhv 是一种通用的人体特征动画文件格式，被广泛地用于当今流行的各种动画制作软件中，通常可从记录人类行为运动的运动捕获硬件获得。.bvh 格式又称为动作捕捉通用格式或骨骼动画数据，捕捉后的文件可以重复利用，应用在不同的角色骨骼驱动上制作动画、游戏以及影视方面。

4．.obj 格式

.obj 文件是 AliasWavefront 公司为一套基于工作站的 3D 建模和动画软件"Advanced Visualizer"开发的一种标准 3D 模型文件格式，很适合用于 3D 软件模型之间的模型的加载，目前几乎所有知名的 3D 软件都支持 .obj 文件的读写。.obj 格式主要支持多边形（Polygons）模型，文件中附带 UV 信息及材质路径，但是不包含动画、材质特性、贴图路径、动力学等信息。.obj 文件是一种文本文件，可以直接用写字板打开并进行查看、编辑和修改。

5．.dae 格式

.dae 是纯文本的模型格式，其本质就是一个单纯的 .xml 文件，相比 .fbx 文件，对 .dae 格式的三维模型的载入拥有非常高的自由控制，这也是最复杂的地方。基本上，.dae 文件内一开始把数据分成了好几大块，其中最有用的是 VisualScenes（包含场景骨骼节点树）、Nodes（与 VisualScenes 类似，两者互为补充）、Geometries（网格数据）、Materials/Effects/Images（材质相关信息）、Controllers（骨骼信息数据）、Animations（动画数据）和 AnimationClips（全局的动画信息）。.dae 格式是 .fbx 格式的替代品，Google 地图便是使用的 .dae 格式。

6．.stl 格式

.stl 文件是在计算机图形应用系统中，用于表示三角形网格的一种文件格式。它的文件格式非常简单并应用广泛。.stl 是快速原型系统使用最多的标准文件类型，.stl 是用三角网格来表现 3D CAD 模型的文件，在 .stl 文件中使用三角面片来表示三维模型的。.stl 格式又被称为三维打印的通用格式，文件格式简单，只能描述三维物体的几何信息，不支持颜色和材质等信息，是计算机图形学处理、数字几何处理和三维打印等应用的最常见的文件格式。

7．.ply 格式

.ply 是一种电脑档案格式，全名为多边形档案（Polygon File Format）或斯坦福三角形档案（Stanford Triangle Format）。该格式主要是用多边形面片来描述三维模型，与其他格式相比，.ply 格式是比较简单的方法。这种格式可以存储的资讯包含颜色、透明度、表面法向量等信息，并能对多边形的正反两面设定不同的属性。.ply 格式是 .obj 格式的升级版，.ply 格式受到 .obj 格式的启发，但改进了 .obj 格式所缺少的对任意属性及群组的扩充性。

8．.dxf 格式

.dxf 是一种开放的矢量数据格式，可以分为两类：ASCII 格式和二进制格式，ASCII 具有可读性好的特点，但占用的空间比较大；二进制格式占用的空间比较小，读取速度较快。.dxf 格式被各种 CAD 软件广泛使用，已经成为事实上的标准，绝大多数的 CAD 软件都可以读入和输出 .dxf 文件，是 CAD 软件的通用格式。

第2章 相 关 理 论

2.1 矩阵的谱分解

设 A 是 n 阶单纯矩阵，$\lambda_1,\lambda_2,\cdots,\lambda_n$ 是 A 的 n 个不同特征值，$x_1,x_2,\cdots,x_n$ 是 A 的 n 个线性无关的特征向量，$P=(x_1,x_2,\cdots,x_n)$，则有 $A=P\Lambda P^{-1}$，$A^{\mathrm{T}}=(P^{\mathrm{T}})^{-1}\Lambda P^{\mathrm{T}}$ 其中 $\Lambda=\mathrm{diag}(\lambda_1,\lambda_2,\cdots,\lambda_n)$。这表明 A^{T} 也与对角矩阵相似，故 A^{T} 也是单纯矩阵，设 y_1，$y_2,\cdots,y_n$ 是 A^{T} 的线性无关的特征向量，则有 $(y_1,y_2,\cdots,y_n)=(P^{\mathrm{T}})^{-1}=(P^{-1})^{\mathrm{T}}$，从而得到：$P^{-1}=\begin{pmatrix} y_1^{\mathrm{T}} \\ y_2^{\mathrm{T}} \\ \vdots \\ y_n^{\mathrm{T}} \end{pmatrix}$，进而得到 $P^{-1}P=\begin{pmatrix} y_1^{\mathrm{T}} \\ y_2^{\mathrm{T}} \\ \vdots \\ y_n^{\mathrm{T}} \end{pmatrix}(x_1,x_2,\cdots,x_n)=I$，即

$$P^{-1}P=\begin{pmatrix} y_1^{\mathrm{T}}x_1 & y_1^{\mathrm{T}}x_2 & \cdots & y_1^{\mathrm{T}}x_n \\ y_2^{\mathrm{T}}x_1 & y_2^{\mathrm{T}}x_2 & \cdots & y_1^{\mathrm{T}}x_n \\ \vdots & \vdots & \cdots & y_1^{\mathrm{T}}x_n \\ y_n^{\mathrm{T}}x_1 & y_n^{\mathrm{T}}x_2 & \cdots & y_1^{\mathrm{T}}x_n \end{pmatrix}$$

由此可得

$$y_i^{\mathrm{T}}x_j=\begin{cases} 1, & i=j \\ 0, & i\neq j \end{cases}$$

对于单纯矩阵 A（矩阵特征值的代数重复度都为 1），可以推导出

$$\begin{aligned} A &= P\Lambda P^{-1} \\ &=(x_1,x_2,\cdots,x_n)\begin{pmatrix} \lambda_1 & & & \\ & \lambda_2 & & \\ & & \ddots & \\ & & & \lambda_n \end{pmatrix} \quad \text{其中 } A_i=x_iy_i^{\mathrm{T}} \\ &=\lambda_1x_1y_1^{\mathrm{T}}+\lambda_2x_2y_2^{\mathrm{T}}+\cdots+\lambda_nx_n\lambda_n^{\mathrm{T}} \\ &=\sum_{i=1}^{n}\lambda_ix_iy_i^{\mathrm{T}}=\sum_{i=1}^{n}\lambda_iA_i \end{aligned}$$

由此得到矩阵 A 的谱分解，即单纯矩阵 A 分解成 n 个矩阵 A_i 之和的形式，其系数组合是 A 的谱（所有相异的特征值）。下面通过例题说明矩阵的谱分解方法。

【例 2.1】 求矩阵 $A=\begin{pmatrix}1 & 1\\ 4 & 1\end{pmatrix}$ 的谱分解。

解：由 $f_A(\lambda)=\begin{vmatrix}\lambda-1 & -1\\ -4 & \lambda-1\end{vmatrix}=(\lambda+1)(\lambda-3)$ 可得 $\lambda_1=3$，$\lambda_2=-1$ 特征向量为 $x_1=\begin{pmatrix}1\\ 2\end{pmatrix}$，$x_2=\begin{pmatrix}1\\ -2\end{pmatrix}$。设 A 的左特征向量为 y_1^{T}、y_2^{T}，因为它满足如下条件：

$y_1^{\mathrm{T}}x_1=1$、$y_1^{\mathrm{T}}x_2=0$、$y_2^{\mathrm{T}}x_1=0$、$y_2^{\mathrm{T}}x_2=1$，可得 $y_1^{\mathrm{T}}=\left(\frac{1}{2}\frac{1}{4}\right)$，$y_2^{\mathrm{T}}=\left(\frac{1}{2}-\frac{1}{4}\right)$，

从而得到 $E_1=x_1y_1^{\mathrm{T}}=\begin{pmatrix}\frac{1}{2} & \frac{1}{4}\\ 1 & \frac{1}{2}\end{pmatrix}$，$E_2=x_2y_2^{\mathrm{T}}=\begin{pmatrix}\frac{1}{2} & -\frac{1}{4}\\ -1 & \frac{1}{2}\end{pmatrix}$，可以看出 $A=3E_1-E_2$。

【例 2.2】 求单纯矩阵 $A=\begin{pmatrix}1 & 2 & 2\\ 2 & 1 & 2\\ 2 & 2 & 2\end{pmatrix}$ 的谱分解。

解：由矩阵 A 的特征多项式 $|\lambda E-A|=(\lambda-1)^2(\lambda-5)$ 得到矩阵 A 的特征值为 $\lambda_1=-1$，$\lambda_2=5$ 以及相应的线性无关的特征向量为 $x_1=(1,\ -1,\ 0)^{\mathrm{T}}$，$x_2=(1,\ 0,\ -1)^{\mathrm{T}}$，$x_3=(1,\ 1,\ 1)^{\mathrm{T}}$。设 λ_i 对应的左特征向量为 y_1^{T}，y_2^{T}，y_3^{T}，则由 $P^{-1}=\begin{pmatrix}\frac{1}{3} & -\frac{2}{3} & \frac{1}{3}\\ \frac{1}{3} & \frac{1}{3} & -\frac{2}{3}\\ \frac{1}{3} & \frac{1}{3} & \frac{1}{3}\end{pmatrix}$ 得到 $y_1^{\mathrm{T}}=\left(\frac{1}{3},\ -\frac{2}{3},\ \frac{1}{3}\right)$，$y_2^{\mathrm{T}}=\left(\frac{1}{3},\ \frac{1}{3},\ -\frac{2}{3}\right)$，$y_3^{\mathrm{T}}=\left(\frac{1}{3},\ \frac{1}{3},\ \frac{1}{3}\right)$

$$\text{则 } E_1=(x_1,\ x_2)\begin{pmatrix}y_1^{\mathrm{T}}\\ y_2^{\mathrm{T}}\end{pmatrix}=\begin{pmatrix}1 & 1\\ -1 & 0\\ 0 & -1\end{pmatrix}\begin{pmatrix}\frac{1}{3} & -\frac{2}{3} & \frac{1}{3}\\ \frac{1}{3} & \frac{1}{3} & -\frac{2}{3}\end{pmatrix}=\begin{pmatrix}\frac{2}{3} & -\frac{1}{3} & -\frac{1}{3}\\ -\frac{1}{3} & \frac{2}{3} & -\frac{1}{3}\\ -\frac{1}{3} & -\frac{1}{3} & \frac{2}{3}\end{pmatrix}$$

$$E_2=x_3y_3^{\mathrm{T}}=\begin{pmatrix}1\\ 1\\ 1\end{pmatrix}\left(\frac{1}{3}\quad\frac{1}{3}\quad\frac{1}{3}\right)=\begin{pmatrix}\frac{1}{3} & \frac{1}{3} & \frac{1}{3}\\ \frac{1}{3} & \frac{1}{3} & \frac{1}{3}\\ \frac{1}{3} & \frac{1}{3} & \frac{1}{3}\end{pmatrix}\text{，从而可得：}A=-E_1+5E_2$$

2.2　向量空间

本节从欧几里得向量空间 R^n 入手介绍向量空间的定义。欧几里得向量空间是最基本的向量空间，表示为 R^n（$n=1, 2, \cdots$）。为了易于理解，首选考虑 R^2，R^2 中的非零向量在几何上可表示为有向线段，这种几何表示有助于理解 R^2 中的标量乘法和加法运算。

例如，给定一个非零向量 $x=\begin{bmatrix}x_1\\x_2\end{bmatrix}$，可将其和一个坐标平面上起点为（0，0），终点为（x_1，x_2）的有向线段对应起来，如图 2.1 所示。如果将有相同长度和方向的线段看成是相同的，那么 x 可用任意的（a，b）到（$a+x_1$，$b+x_2$）的线段表示。将向量 $x=\begin{bmatrix}x_1\\x_2\end{bmatrix}$在欧几里得向量空间的长度表示为任意 x 的有向线段的长度，则从（0，0）到（x_1，x_2）的有向线段的长度为$\sqrt{x_1^2+x_2^2}$，如图 2.2 所示。同时，任意向量 $x=\begin{bmatrix}x_1\\x_2\end{bmatrix}$和任意标量 α 的乘积定义为 $\alpha\begin{bmatrix}x_1\\x_2\end{bmatrix}=\begin{bmatrix}\alpha x_1\\\alpha x_2\end{bmatrix}$，两个向量 $u=\begin{bmatrix}u_1\\u_2\end{bmatrix}$ 和 $v=\begin{bmatrix}v_1\\v_2\end{bmatrix}$ 的和定义为 $u+v=\begin{bmatrix}u_1+u_2\\v_1+v_2\end{bmatrix}$。

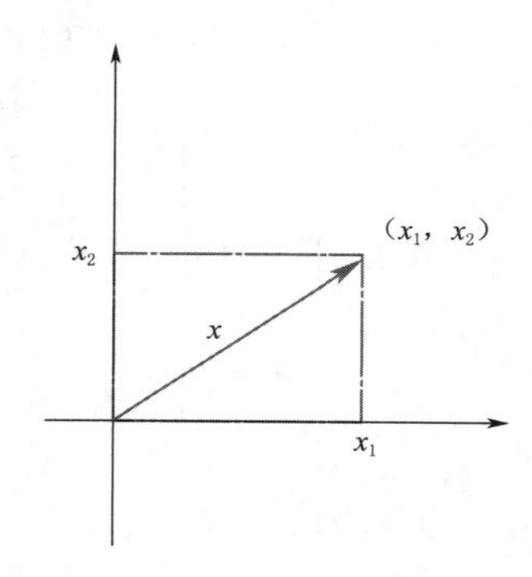

图 2.1　向量表示

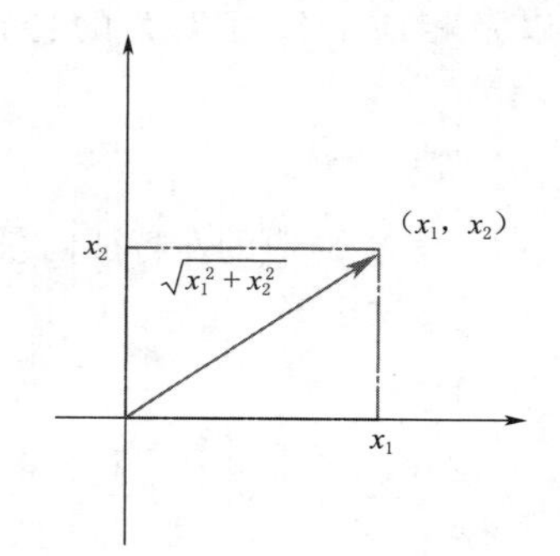

图 2.2　向量的长度

理解了向量，再来认识一下向量空间。首先将 R^n 空间看成是所有元素都是实数的 $n\times1$ 矩阵的集合，在 R^n 中的向量的加法和标量乘法都符合向量的加法和标量乘法的规则。那么，$R^{m\times n}$ 表示所有的 $m\times n$ 阶矩阵的集合，构成了向量空间 $R^{m\times n}$，向量空间的定义描述如下：

定义　令 V 为已定义了加法和标量乘法运算的向量集合，对 V 中的每一对元素 x 和 y，可以唯一地对应于 V 中的一个元素 $x+y$，且对于每一个 V 中的 x 和任意标量 α，可唯一对应于 V 中的元素 αx，如果集合 V 连同其上的加法和标量乘法运算满足下面的公理，则 V 称为向量空间（vector space）。

公理 1　对 V 中的任何 x 和 y，$x+y=y+x$。

公理 2　对 V 中的任何 x，y 和 z，$(x+y)+z=x+(y+z)$。

公理 3　V 中存在一个元素 0，满足对任意的 $x\in V$，有 $x+0=x$。

公理 4　对每一个 $x\in V$，存在 V 中的一个元素 $-x$，满足 $x+(-x)=0$。

公理 5　对任意标量 α 和 β 以及 $x\in V$，有 $(\alpha+\beta)x=\alpha x+\beta x$。

公理 6　对任意标量 α 和 β 以及 $x\in V$，有 $(\alpha\beta)x=\alpha(\beta x)$。

公理 7　对所有 $x\in V$，有 $1\cdot x=x$。

定义中值得注意的是两个运算的封闭性，即：①若 $x\in V$，且 α 为标量，则 $\alpha x\in V$；②若 x，$y\in V$，则 $x+y\in V$。

集合 V 称为全集，其中的元素称为向量，一般使用斜体的小写字母 x，y，z 和 u 等来表示，标量通常指的是实数，一般使用斜体的小写字母 a，b 和 c 来表示。

下面主要介绍两种向量空间，分别为向量空间 $C[a,b]$ 和向量空间 P_n。用 $C[a,b]$ 表示定义在闭区间 $[a,b]$ 上的所有的实值连续函数，在集合 $C[a,b]$ 中的向量为唯一实值函数，则 $C[a,b]$ 中的两个函数的和 $f+g$ 可以定义为对 $[a,b]$ 中所有的 x，有 $(f+g)(x)=f(x)+g(x)$，且新函数 $f+g$ 是 $C[a,b]$ 中的元素（因为两个连续函数的和仍然是连续函数）。同时，对于 $f\in C[a,b]$ 和标量 α，则有 $(\alpha f)(x)=\alpha f(x)$，且 αf 也是 $C[a,b]$ 中的元素（因为一个实数乘以一个连续函数，得到的还是一个连续函数）。由此可见，在 $C[a,b]$ 上定义了加法和标量乘法的运算，$C[a,b]$ 也遵守向量空间的其他公理，读者可自行证明。因此，$C[a,b]$ 是一个向量空间。

用 P_n 表示次数小于 n 的所有多项式的集合，若有 $p\in P_n$、$q\in P_n$ 和 $\alpha\in R$，则有 $(p+q)(x)=p(x)+q(x)\in P_n$ 和 $(\alpha p)(x)=\alpha p(x)\in P_n$，并且零向量就是零多项式，表示为 $z(x)=0x^{n-1}+0x^{n-2}+\cdots+0x+0$。向量空间的其他公理，在 P_n 上都可以得到验证，因此 P_n 是一个向量空间。

在向量空间中，经常用到的一个概念是子空间，其定义可以表示为：若 S 为向量空间 V 的非空子集，且 S 满足如下条件：①对任意标量 α，若 $x\in S$，则 $\alpha x\in S$；②任意的 $x\in S$ 和 $y\in S$，则 $x+y\in S$。

则称 S 是 V 的子空间（subspace）。

在向量空间需明确地两个概念：向量组的张成与向量空间的张集。向量的张成可以定义为：令 $v_1,v_2,\cdots,v_n$ 为向量空间 V 中的向量，用 $\alpha_1v_1+\alpha_2v_2+\cdots+\alpha_nv_n$（其中 $\alpha_1,\alpha_2,\cdots,\alpha_n\in R$）表示向量组 $v_1,v_2,\cdots,v_n$ 的线性组合，则向量 $v_1,v_2,\cdots,v_n$ 所有的线性组合构成的集合称为 $v_1,v_2,\cdots,v_n$ 的张成，记作 $Span(v_1,v_2,\cdots,v_n)$。向量空间的张集可以定义为：令 $v_1,v_2,\cdots,v_n$ 为向量空间 V 中的向量，当 $Span(v_1,v_2,\cdots,v_n)=V$ 时，则向量 $v_1,v_2,\cdots,v_n$ 张成 V，或是 $\{v_1,v_2,\cdots,v_n\}$ 是 V 的一个张集。V 的最小张集称为向量空间 V 的基（basis），可定义为：当且仅当向量空间 V 中的向量 $v_1,v_2,\cdots,v_n$ 满足①$v_1,v_2,\cdots,v_n$ 线性无关；②$v_1,v_2,\cdots,v_n$ 张成 V 时，则称 $v_1,v_2,\cdots,v_n$ 是向量空间 V 的基。在向量空间 V 中，若 V 的一组基含有 n 个向量，则称 V 的维数为 n，记作 $\dim(V)=n$；若 V 的一组基含有有限多个向量，则称向量空间 V 是有限维的；若 V 的一组基含有无限多个向量，则称向量空间 V 是无限维的；V 的子空间 $\{0\}$ 的维数为 0。

2.3　线性变换

(1) 在向量空间中，最重要的一类映射是线性映射。线性映射可定义为：有一个将向量空间 V 映射到向量空间 W 的映射 L，如果对所有的 $(v_1, v_2) \in V$ 及所有的 α，$\beta \in R$ 有 $L(\alpha v_1 + \beta v_2) = \alpha L(v_1) + \beta L(v_2)$，则称映射 L 为线性变换。一个从向量空间 V 到向量空间 W 的映射 L 记为 L：$V \rightarrow W$，如果向量空间 $V=W$，那么线性映射 L：$V \rightarrow V$ 为 V 上的线性算子。由此可见，一个线性算子实际上是一个向量空间到其自身的线性变换。

现在考虑一些 R^2 上的线性算子。

1) 令 L 为一算子，定义为 $L(x)=3x$，其中 $x \in R^2$。由于 $L(\alpha x) \rightarrow 3(\alpha x) = \alpha(3x) = \alpha L(x)$，同时有 $L(x+y) = 3(x+y) = (3x)+(3y) = L(x)+L(y)$，则 L 为线性算子。这里可以将线性算子 L 看成是将向量伸长 3 倍的运算。通常来说，若 α 为一正实数，则线性算子 $L(x)=\alpha x$ 可视为把向量伸长或压缩 α 倍的操作。

2) 线性映射 L 定义为：$L(x) = x_1 e_1$，其中 $e_1 = (1,0)^{\mathrm{T}}$，$x \in R^2$。若 $x=(x_1, x_2)^{\mathrm{T}}$，则有 $L(x) = (x_1, 0)^{\mathrm{T}}$，若 $y=(y_1, y_2)^{\mathrm{T}}$，则有

$\alpha x + \beta y = \begin{bmatrix} \alpha x_1 + \beta y_1 \\ \alpha x_2 + \beta y_2 \end{bmatrix}$，并由此可得

$$L(\alpha x + \beta y) = (\alpha x_1 + \beta y_1) e_1 = \alpha(x_1 e_1) + \beta(y_1 e_1) = \alpha L(x) + \beta L(y)$$

由上可知 L 是一个线性算子。此线性算子 L 可以看做是向量到 x_1 轴的投影。

3) 对于 $x=(x_1, x_2)^{\mathrm{T}}$ 其中 $x \in R^2$，算子 L 表示为 $L(x) = (x_1, -x_2)^{\mathrm{T}}$，由于

$L(\alpha x + \beta y) = \begin{bmatrix} \alpha x_1 + \beta y_1 \\ -(\alpha x_2 + \beta y_2) \end{bmatrix} = \alpha \begin{bmatrix} x_1 \\ -x_2 \end{bmatrix} + \beta \begin{bmatrix} y_1 \\ -y_2 \end{bmatrix} = \alpha L(x) + \beta L(y)$，可知 L 是一个线性算子，其作用是将向量映射为关于 x_1 轴对称的向量。

(2) 以上是 R^2 向量空间的例子，下面考察从向量空间 V 到向量空间 W 的线性变换。

若 L 为一个从向量空间 V 到向量空间 W 的线性变换，则有：

1) $L(0_v) = 0_w$（其中 0_v 和 0_w 分别为向量空间 V 和 W 中的零向量）；

2) 若 $v_1, v_2, \cdots, v_n$ 为向量空间 V 的元素，且 $\alpha_1, \alpha_2, \cdots, \alpha_n \in R$，则 $L(\alpha_1 v_1 + \alpha_2 v_2 + \cdots + \alpha_n v_n) = \alpha_1 L(v_1) + \alpha_2 L(v_2) + \cdots + \alpha_n L(v_n)$；

3) 对所有的 $v \in V$，有 $L(-v) = -L(v)$。

对于一个线性变换 L：$V \rightarrow W$，重点要明确线性变换 L 在 V 的子空间的作用，即明确知道线性变换 L 的核与象的概念。

定义　令 L：$V \rightarrow W$ 是一个线性变换，L 的核（kernel）记为 kel（L），定义为

$$kel(L) = \{v \in V \mid L(v) = 0_w\}$$

定义　令 L：$V \rightarrow W$ 是一个线性变换，并令 S 为向量空间 V 的一个子空间。S 的象（image）记为 $L(S)$，定义为 $L(S) = \{w \in W \mid w = L(v), v \in S\}$，整个向量空间的象 $L(V)$ 称为 L 的值域（range）。

令 L：$V \rightarrow W$ 是一个线性变换，通过推导可以知道 $kel(L)$ 为 V 的子空间，且若 S 为 V 的任意子空间，则 $L(S)$ 为向量空间 W 的一个子空间。特别地，$L(V)$ 为 V 的子空

间，则有以下定理进一步明确。

定理 若 $L: V \to W$ 是一个线性变换，且 S 为向量空间 V 的一个子空间，则：

1）$kel(L)$ 为 V 的子空间；

2）$L(S)$ 为向量空间 W 的一个子空间。

下面用几个例题进一步说明线性变换的核与象的概念。

【例 2.3】 若有线性映射 $L: R^3 \to R^2$，定义为 $L(x)=(x_1+x_2, x_2+x_3)^{\mathrm{T}}$，并令 S 为由 e_1 和 e_2 张成的 R^3 的一个子空间，求 $kel(L)$ 和 $L(R^3)$。

若要 $x \in kel(L)$，则必有 $x_1+x_2=0$，$x_2+x_3=0$，

令自由变量 $x_3=b$，则有 $x_1=-b$，$x_2=b$

可得 $kel(L)$ 由所有形如 $b(1,-1,1)^{\mathrm{T}}$ 的向量组成的 R^3 中的一维子空间。

若 $x \in S$，则 x 必然是形如 $(a,0,b)^{\mathrm{T}}$，因此有 $L(x)=(a,b)^{\mathrm{T}}$。显然 $L(S)=R^2$。由于子空间 S 的象为 R^2 的全体，由此得 L 的整个值域必然为 R^2，即 $L(R^3)=R^2$。

下面考察一个从 R^n 到 R^m 的线性变换，以明确矩阵的作用。

【例 2.4】 定义一个从 R^2 到 R^3 的线性变换：$L(x)=(x_2, x_1, x_1+x_2)^{\mathrm{T}}$，则有

$L(\alpha x)=(\alpha x_2, \alpha x_1, \alpha x_1+\alpha x_2)^{\mathrm{T}}=\alpha L(x)$ 以及

$$\begin{aligned} L(x+y) &= (x_2+y_2, x_1+y_1, x_1+y_1+x_2+y_2)^{\mathrm{T}} \\ &= (x_2, x_1, x_1+x_2)^{\mathrm{T}}+(y_2, y_1, y_1+y_2)^{\mathrm{T}} \\ &= L(x)+L(y) \end{aligned}$$

若定义矩阵 $A=\begin{bmatrix} 0 & 1 \\ 1 & 0 \\ 1 & 1 \end{bmatrix}$，则对任意 $x \in R^2$，有 $L(x)=\begin{bmatrix} x_2 \\ x_1 \\ x_1+x_2 \end{bmatrix}=Ax$。

由此可知，若 A 为任意的 $m \times n$ 矩阵，则可以定义一个从 R^n 到 R^m 的线性映射 L_A，对于任意的 $x \in R^n$，都有 $L_A(x)=Ax$。L_A 为线性变换，因为有如下变换：

$$\begin{aligned} L_A(\alpha x+\beta y) &= A(\alpha x+\beta y) \\ &= \alpha Ax+\beta Ay \\ &= \alpha L_A(x)+\beta L_A(y) \end{aligned}$$

由以上分析可知，线性变换 L 可以用一个矩阵 A 来表示，即 $L(x)=A$。

2.4 微分几何相关理论

1. 曲线

曲线是二维空间上可微分的一维流形。曲线可以用参数方程表示为如下形式：

$$p(u)=\begin{bmatrix} x(u) \\ y(u) \end{bmatrix}, u \in [a,b] \subset R \tag{2.1}$$

式中：x 和 y 分别为关于 u 的可微函数，因此曲线在某一点的切向量则为各分量的一阶导数组成的向量，可以表示为：$p'(u)=\begin{pmatrix} x'(u) \\ y'(u) \end{pmatrix}$，$u \in [a,b] \subset R$。若 $p'(u)$ 在 u 处不为零，则可以把这一点称为曲线的正则点。曲线上的点如果处处正则，此曲线称为正则曲线（regular curve)。曲线在某一点的法向量的值可由下式求出：$n(u)=\frac{p'(u)^{\perp}}{\|p'(u)^{\perp}\|}$。同样的曲线是可以通过参数变换使用不同的参数来表示的。曲线的微分几何关注的是弧长、曲率等独立于特定参数之外的属性，即无论参数如何变换，这些属性的值都是相等的。

2. 弧长

对于上述曲线，起始点 a 到曲线任意点 u 之间的弧长可以表示为

$$s(u)=\int_{a}^{u}\|p'(s)\|\mathrm{d}u, u\in[a,b]$$

上式表示弧长是切向量长度对曲线参数的积分，可以知道，弧长独立于特定参数，并且将参数 u 从区间 $[a, b]$ 映射到了区间 $[a, L]$（其中 L 是曲线的弧长）。

3. 曲面的参数化表示

以地球地图的展开为例，地球表面是一个闭合的曲面，为了要制作地图，一般需要将其表面先展开，展开之前要沿着子午线将其“切开”，然后按照图 2.3 的样子展开。

由图 2.3 可知，北极点被变换成线段 AC，而南极点变换为线段 BD。这样的一个球面，假设半径为 R，有两种坐标表示方法，分别为 (x, y, z) 和 (θ, ϕ)。前一种坐标表示方法我们比较熟悉，它是球面上的任意点的三维笛卡尔坐标系下的坐标值，用隐式方程可以表示为 $x^2+y^2+z^2=R^2$。使用该方程可以快速地判断空间中的点和球面的关系，若点 (x_1, y_1, z_1) 在球面内部，则有 $x_1^2+y_1^2+z_1^2<R^2$；若点 (x_2, y_2, z_2) 在球面外部，则有 $x_2^2+y_2^2+z_2^2>R^2$。后一种坐标中有两个参数 θ 和 ϕ，其意义如图 2.4 所示。

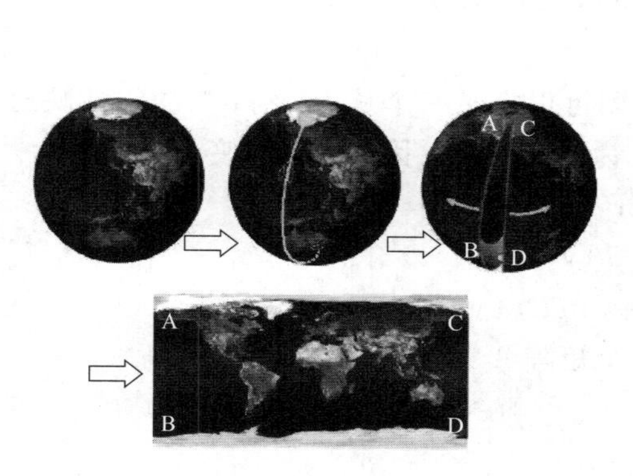

图 2.3 地球展开示意图

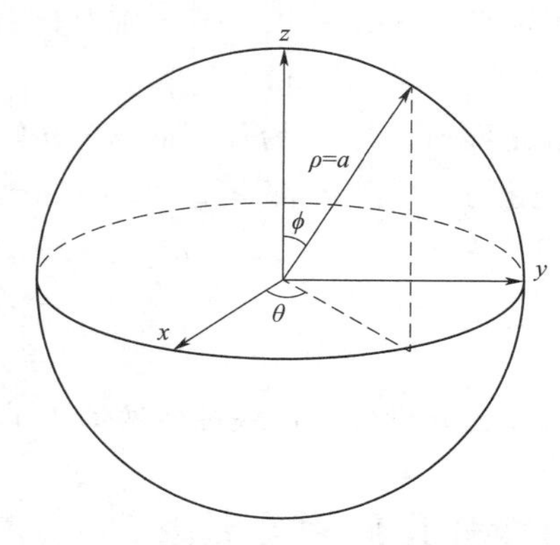

图 2.4 球体坐标示意图

两种坐标可以相互转换，其转换关系如下：

$$x(\theta,\phi)=\begin{pmatrix}x(\theta,\phi)\\ y(\theta,\phi)\\ z(\theta,\phi)\end{pmatrix}=\begin{pmatrix}R\cos(\theta)\cos(\phi)\\ R\sin(\theta)\cos(\phi)\\ R\sin(\phi)\end{pmatrix}，其中\ \theta\in[0,2\pi]，\phi\in[-0.5\pi,0.5\pi] \tag{2.2}$$

通过 θ 和 ϕ 这两个参数，可以发现通过坐标的映射，将“方形”的区域映射到了一个球面上（图 2.5）。

4. 曲面的度量性质（metric property）

一个三维曲面的参数方程为

$$x(u,v)=\begin{bmatrix}x(u,v)\\y(u,v)\\z(u,v)\end{bmatrix},\ (u,v)\in\Omega\subset R^2$$

式中：x，y，z 为关于参数 u，v 的可微函数；Ω 为参数 u，v 的定义域。

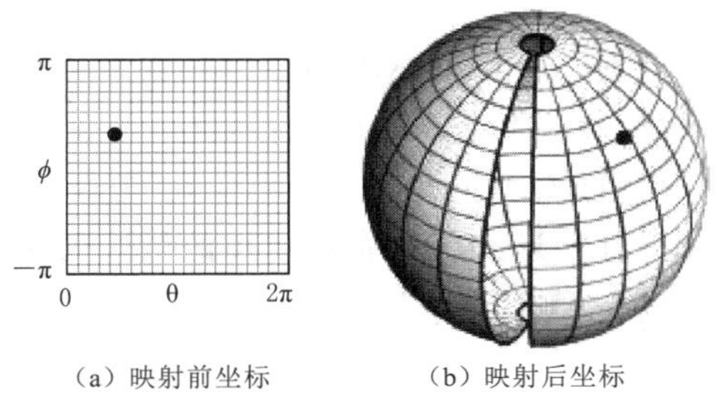

（a）映射前坐标　（b）映射后坐标

图 2.5　球体的坐标映射

曲面的度量是由它的一阶导数决定的，x 关于参数 u，v 的偏导数为

$$x_u(u_0,v_0)=\frac{\partial x}{\partial u}(u_0,v_0) \tag{2.3}$$

$$x_v(u_0,v_0)=\frac{\partial x}{\partial v}(u_0,v_0) \tag{2.4}$$

这两个偏导数表示的是如下两条曲线上的切向量，这两曲线表示为

$$C_u(t)=x(u_0+t,v_0),\ C_v(t)=x(u_0,v_0+t) \tag{2.5}$$

由参数方程可知，曲线方程在某一点关于参数 u，v 的偏导数确定了两条经过该点的切向量 x_v，x_v，则这两条切向量的叉积就是曲面在该点的法向量，即有 $n=\dfrac{x_u\times x_v}{\|x_u\times x_v\|}$。

式（2.3）和式（2.4）中的导数方向是沿两个参数的方向，如果要求曲面关于某一点的任意方向的导数，则需要了解方向导数的概念。在求解方向导数的时候需要给定一个方向向量，由于曲面方程是由参数方程的形式给出的，可以先定义一个方向向量：$\overline{w}=(u_w,v_w)$。那么曲面通过这一点，在参数空间上沿着上述方向前进的曲线方程可以表示为$C_w(t)=x(u_0+tu_w,v_0+tv_w)$。此时曲面在点（$u_0$，$v_0$）处的方向导数为$\left.\dfrac{\partial C_w(t)}{\partial t}\right|_{t=0}$。

5. 曲面的曲率

曲面曲率的定义是由曲线的曲率扩充而来的。对于曲面上的任意一点，存在无数个切向量。对于曲面上的任意点 p，以及一条切向量 t，曲率可以定义为：切向量 t 和曲面在此点的法向量所组成的平面与曲面相交形成的直线在点 p 处的曲率。此时，曲率可以写为

$$\kappa_n(\overline{t})=\frac{eu_t^2+2fu_tv_t+gv_t^2}{Eu_t^2+2Fu_tv_t+Gv_t^2} \tag{2.6}$$

曲面曲率的函数在切线方向变换的时候有两个极值（极大值和极小值），称为主曲率。如果两个极值不相等，那么就把取极值时的两个切向量称为主方向。如果两个极值相等，那么曲面上此点称为脐点，曲面上的此点的所有向量都称为主方向，并且曲面上此点的各方向的曲率相等。特别的，当且仅当曲面为球面或平面时，曲面上所有的点都是脐点。

曲面任意点的主曲率和其任意方向的曲率有如下关系：$\kappa_n(\overline{t})=\kappa_1\cos^2\varphi+\kappa_2\sin^2\varphi$，其中 φ 为主方向 t_1 和指定方向 t 的夹角。可以看出，曲面任一点的曲率仅仅由其两个主曲率决定，并且此点任意方向的法曲率都是这两个主曲率的凸组合，同时可知此点曲率的

主方向永远是相互正交的。

曲面的某个区域内的性质同样可以用曲率张量来表示，曲率张量定义为 $C=PDP^{-1}$ 其中 P 为三阶方阵，P 由 t_1，t_2，n 三个列向量组成，矩阵 D 是由元素 κ_1、κ_2 和 0 组成的三阶方阵。

另外，还有两种广泛使用的描述曲率的方式：

平均曲率：$H=\dfrac{\kappa_1+\kappa_2}{2}$

高斯曲率：$K=\kappa_1\kappa_2$

高斯曲率可以将曲面上的点分为 3 大类：

（1）椭圆点此时 $K>0$，椭圆点再起附近的区域上通常是凸出的。

（2）双曲线点此时 $K<0$，双曲点在其附近的区域上通常是马鞍形。

（3）抛物线点此时 $K=0$，抛物线点通常在椭圆曲线和双曲线区域的分界线处。

6．拉普拉斯算子

拉普拉斯算子定义为某函数梯度的散度，对于二元函数 $f(u, v)$，其在欧式空间上的拉普拉斯算子可以写为：$\Delta f=\mathrm{div}\,\nabla f=\mathrm{div}\begin{pmatrix}f_u\\f_v\end{pmatrix}=f_{uu}+f_{vv}$。

拉普拉斯算子可以推广到二阶流形曲面 S 上，其推广后的算子称为拉普拉斯-贝尔特拉米算子，表示为：$\Delta_S f=\mathrm{div}_S\,\nabla_S f$。对于曲面上任一点 x，其拉普拉斯-贝尔特拉米算子和其平均曲率的关系有 $\Delta_S x=-2Hn$。

7．离散微分算子

本书中后续使用的模型主要是三角网络模型，因此需要进一步介绍离散微分算子的内容。上面讨论的都是建立在光滑曲面基础上得到的结论，若要将上述算子运用在 3D 网格上，需要将网格看作是一个粗糙的曲面，然后通过网格离散的数据去近似计算曲面的微分属性。近似地算法首先是计算网格某点以及与其相邻点的微分属性的平均值。当网格某个点以及其邻域的面积较大的时候，通过计算平均值得到的微分属性是较稳定的；面积较小时，精细的变换则会被更好地保留。

在三维网格中要计算某个三角面片的法向量变得比较容易，只需要取两条边向量的叉积即可得到：$n(T)=\dfrac{(x_j-x_i)\times(x_k-x_i)}{\|(x_j-x_i)\times(x_k-x_i)\|}$。三角网格曲面中的任意顶点的法向量，需要对其领域中的三角形的法向量做加权平均，公式为 $n(v)=\dfrac{\sum_{T\in N_1(V)}\alpha_T n(T)}{\|\sum_{T\in N_1(V)}\alpha_T n(T)\|}$。其中，权值 α_T 的取值有以下 3 种方法：

（1）α_T 取常数 1，这样计算时就可以忽略邻边的长度、三角形的面积和角度，但是对于不规则的三角网络来说，计算的结果会出现违反直觉的情况。

（2）α_T 取三角面片的面积，这样的好处是便于计算，即计算法向量只需要进行叉积运算即可，不需要对向量进行单位化。

（3）α_T 取邻边的夹角，计算的结果比前两种要好，但是由于计算过程用到了三角函数，因此计算效率比前两种方法要低。

三角网络曲面上任意点坐标的计算同样是基于加权平均的方式，求三角网格中某个三角面片上某一点的坐标可以由三个顶点的梯度根据重心坐标的三个权值做加权平均。首先考虑分段函数 f，其在三角形顶点上有对应的函数值，可以用拉格朗日插值法来表示三角形上任意点的函数值，即 $f(u)=f_iB_i(u)+f_jB_j(u)+f_kB_k(u)$（其中 u 是二维参数）。由于拉格朗日插值公式的基函数 B 具有如下的性质：

$$B_i(u)+B_j(u)+B_k(u)=1 \tag{2.7}$$

两边同时做梯度运算可以得到：$\nabla B_i(u)+\nabla B_j(u)+\nabla B_k(u)=0$

消去 B_i 后可以得到：$\nabla f(u)=(f_j-f_i)\nabla B_j(u)+(f_k-f_i)\nabla B_K(u)$

离散形式的拉普拉斯算子可以表示为 $\Delta f(v_i)=\frac{1}{|N_1(v_i)|}\sum_{v_j\in N_1(v_i)}(f_j-f_i)$。这个公式的直观解释是以中心点 i 为起点、以相邻顶点平均值为终点的向量。离散拉普拉斯算子的变形是余切形式的拉普拉斯算子，它直接计算顶点 v_i 周围的平均区域，然后对其梯度的散度进行曲面积分，并使用散度定理进行展开计算，最后可得余切形式的拉普拉斯算子

$$\Delta f(v_i)=\frac{1}{2A_i}\sum_{v_j\in N_1(v_i)}(\cot\alpha_{i,j}+\cot\beta_{i,j})(f_j-f_i) \tag{2.8}$$

由于拉普拉斯算子定义的是梯度的散度，则对于每一个三角形面片 T 给定一个向量 w，则其散度定义为

$$\operatorname{div} w(v_i)=\frac{1}{A_i}\sum_{T\in N_1(v_i)}\nabla B_i\mid_T\cdot w_T A_T \tag{2.9}$$

根据上面的公式，可以得到离散形势下的平均曲率为 $H(v_i)=\frac{1}{2}\|\Delta x_i\|$，离散曲率为 $K(v_i)=\frac{1}{A_i}\left(2\pi-\sum_{v_j\in N_1(v_i)}\theta_j\right)$。根据高斯曲率、平均曲率和两个主曲率的关系，可以得到主曲率的计算公式

$$\kappa_{1,2}(v_i)=H(v_i)\pm\sqrt{H(v_i)^2-K(v_i)} \tag{2.10}$$

8. 傅里叶变换

傅里叶变换得名于法国数学家约瑟夫·傅里叶，他提出任何函数都可以展开为三角级数。傅里叶变换是分析波形的有力工具，离散傅里叶变换使得数学方法与计算机技术建立了联系，使得傅里叶变换这样一个数学工具有了很高的实用性，实践证明傅里叶变换不仅仅有理论价值，而且有更重要的使用价值。傅里叶变换的作用可以概括如下：

（1）可以得出信号在各个频率点上的强度；

（2）可以将卷积运算转变为乘积运算；

（3）傅里叶变换能使我们从频域看问题，有些无法在空间域很好解决的问题，在频域能简单和更好地解决。

傅里叶变换应该遵循的前提有两个：第一，提出的变换必须是有好处的，换句话说，可解决在时域中解决不了的问题；第二，变换必须是可逆的，可以通过逆变换还原回时域中。傅里叶变换的核心是从时域到频域的变换，而这种变换可以通过一组特殊的正交基来

实现，并且易于理解。

首先了解一下时域的概念。时域是描述一个数学函数或物理信号对时间的关系，时域实际上是日常生活中最直观、最容易感受到的一种模式。从我们学习物理开始，很多物理量都是在时域中定义的。如速度定义为位移与发生这个位移所用的时间之比；功率定义为物体在单位时间中所作的功的多少。很多的物理量的定义都是基于单位时间产生的效果或者变化，以时间为单位描述物体的变化易于理解，但是易于理解的不代表易于计算。

从我们出生时起，看到的世界都是以时间贯穿的，例如人的身高变化、股票的走势、火车运动的轨迹等都是随着时间发生变化的。这种以时间为参照来观察动态世界的方法，称为时域分析。在时域中，截取一段声音的波形图，如图 2.6 所示。从时域看，此图像是比较杂乱无章的，若只想加重低音，改变图形就等于同时改变了高中低音频部分。在时域中，无法做到单独改变低音部分，同理也无法单独地改变音频的高音部分，如图 2.6 所示。

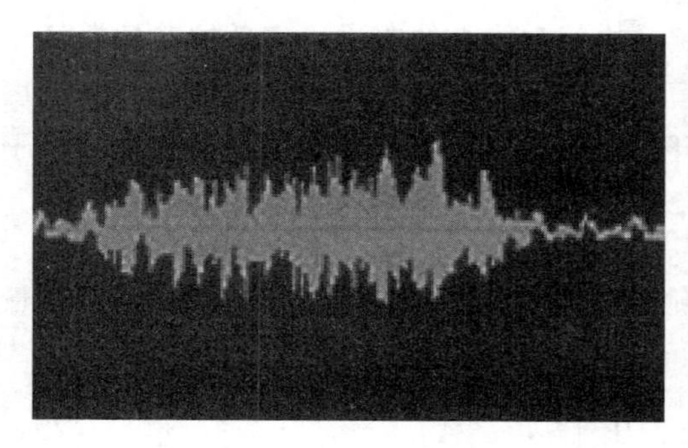

图 2.6　音频图像截图

频域是指用频率所在的空间或者坐标系描述信号的方式。频率虽然抽象，但是在生活中也是无处不在的。对于波来说，频率是每秒钟波形重复的数量。通俗地说，频率是物质每秒钟完成周期性变换的次数。比如交流电的频率是 50Hz（赫兹），表示电压在 1s 的时间内完成了 50 次的震荡周期。声音也是一种波，它是由各种不同频率的声音叠加而成的，上述要加重低音的问题在时域中无法解决，但是加重低音意味着在声波中加重低频声波的比例，那么将音声转换到频域中，就可以得到解决。要找到一个沟通时域和频域的桥梁，类似翻译的作用，让时域和频域能够无障碍的交流，同时保证时域和频域表示的是同一个信息，傅里叶变换就是这样的桥梁。

傅里叶变换的学习较为困难，本书从几何的角度来理解傅里叶变换。首先考虑一个简单的二维平面，如图 2.7 所示，给定两个向量 u 和向量 v，求向量 u 在向量 v 所在直线上的投影。按照如图所示的方法作图得到向量 p，向量 p 是向量 u 在向量 v 所在直线的投影，即向量 p 是向量 u 沿向量 v 方向的分量。图 2.7 中系数 c 是向量 p 与向量 v 的比例，通俗的说就是向量 u 在 v 坐标轴上的坐标值。根据图 2.7，向量 $(u-cv)\perp v$，则有 $(u-cv)^{\mathrm{T}}v=0$ 由此可得 $c=\frac{u^{\mathrm{T}}v}{v^{\mathrm{T}}v}$，$c$ 就是向量 u 在 v 坐标轴的坐标值。

在讲述傅里叶变换之前，再复习一下线性代数里地“正交基”的概念。在向量空间的正交基，可以想象成向量空间的正交坐标系，向量空间地向量中的各分量值可以看成是此正交坐标轴上的坐标值。如图 2.8 所示，向量 u 可表示为 $u=c_1v_1+c_2v_2$。由此式，可以把 u 投影到了向量 v_1 和向量 v_2 所在的直线坐标轴上，此时 c_1 和 c_2 就是向量 u 在新坐标系（v_1，v_2）下的坐标值，那么如何求解这个坐标值呢？根据图示有 $(u-c_1v_1)\perp v_1$ 和 $(u-c_2v_2)\perp v_2$，那么可得 $(u-c_1v_1)^{\mathrm{T}}v_1=0$ 和 $(u-c_2v_2)^{\mathrm{T}}v_2=0$，由此可求得 $c_1=\frac{u^{\mathrm{T}}v_1}{v_1^{\mathrm{T}}v_1}$

和 $c_2=\frac{u^{\mathrm{T}}v_2}{v_2^{\mathrm{T}}v_2}$。

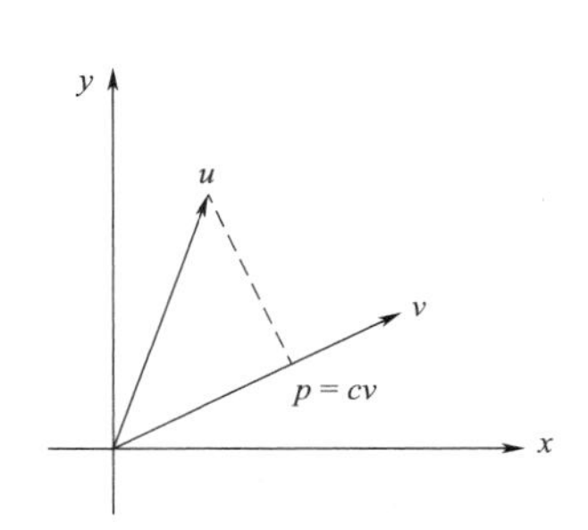

图 2.7 向量 u 在向量 v 所在直线的投影

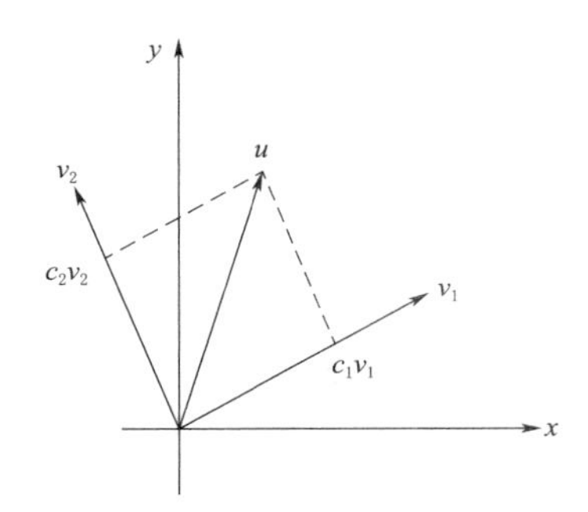

图 2.8 向量 u 在正交基 $\{v_1, v_2\}$ 的展开

基于以上分析可知：如果想把一个向量在一组正交基上展开，也就是要找到这个向量在正交基上每个坐标轴上的坐标值，只需要将此向量分别投影到每个坐标轴上，并求出投影的系数，此系数既是新坐标系下此向量的坐标值。

现在回顾一下傅里叶级数的表达式，给定一个周期为 $2l$ 的周期函数 $f(x)$，它的傅里叶级数表示为

$$f(x)=a_0+\sum_{n=1}^{\infty}\left(a_n\cos\frac{n\pi x}{l}+b_n\sin\frac{n\pi x}{l}\right) \tag{2.11}$$

其中系数的表达式为 $a_0=\frac{\int_{-l}^{l}f(x)\mathrm{d}x}{2l}$

$$a_n=\frac{\int_{-l}^{l}f(x)\cos\frac{n\pi x}{l}\mathrm{d}x}{l},\ n\geqslant 1$$

$$b_n=\frac{\int_{-l}^{l}f(x)\sin\frac{n\pi x}{l}\mathrm{d}x}{l},\ n\geqslant 1$$

根据傅里叶级数的公式，可以将 $f(x)$ 看成是由下面这组无限多个三角函数（包含常数）组成的“正交基”张成的，正交基可以表示为

$$\left\{1,\ \cos\frac{\pi x}{l},\ \sin\frac{\pi x}{l},\ \cos\frac{2\pi x}{l},\ \sin\frac{2\pi}{l},\ \cdots\right\}$$

这里的正交的含义是指两个向量或两个函数的内积为零，即表示这两个向量或函数相互正交。在无限维的“函数空间”中，对于定义在区间 $[a,\ b]$ 上的两个实函数 $u(x)$，$v(x)$ 内积定义为 $\langle u,\ v\rangle=\int_a^b u(x)v(x)\mathrm{d}x$ 。将傅里叶级数中的每一个三角函数都看作是一个独立的坐标轴，那么从上述几何投影的角度看，傅里叶级数的展开就是将函数“投影”到一系列由三角函数构成的“坐标轴”上。傅里叶级数中的系数就是函数在每条坐标轴上的坐标值。

由于三角函数是无限维向量空间，坐标值就不能通过上述讲解的方法获得，因为它只

适用于有限维的相邻空间。在无限维向量空间中，需要用积分的方法来求解坐标值，解法如下：

$$a_0=\frac{\langle f,1\rangle}{\langle 1,1\rangle}=\frac{\int_{-l}^{l}f(x)\mathrm{d}x}{\int_{-l}^{l}\mathrm{d}x}=\frac{\int_{-l}^{l}f(x)\mathrm{d}x}{2l}$$

$$a_n=\frac{\left\langle f,\cos\frac{n\pi x}{l}\right\rangle}{\left\langle \cos\frac{n\pi x}{l},\cos\frac{n\pi x}{l}\right\rangle}=\frac{\int_{-l}^{l}f(x)\cos\frac{n\pi x}{l}\mathrm{d}x}{\int_{-l}^{l}\cos^2\frac{n\pi x}{l}\mathrm{d}x}=\frac{\int_{-l}^{l}f(x)\cos\frac{n\pi x}{l}\mathrm{d}x}{l},\ n\geqslant 1$$

$$b_n=\frac{\left\langle f,\sin\frac{n\pi x}{l}\right\rangle}{\left\langle \sin\frac{n\pi x}{l},\sin\frac{n\pi x}{l}\right\rangle}=\frac{\int_{-l}^{l}f(x)\sin\frac{n\pi x}{l}\mathrm{d}x}{\int_{-l}^{l}\sin^2\frac{n\pi x}{l}\mathrm{d}x}=\frac{\int_{-l}^{l}f(x)\sin\frac{n\pi x}{l}\mathrm{d}x}{l},\ n\geqslant 1$$

傅里叶级数的理解和证明有多种多样，对于本书中涉及的算法和应用，使用几何投影的方法来理解傅里叶级数更简单直观。值得注意的是，在无限维的函数空间中，可以把一个函数在某个“基”中展开，但是只有在“正交基”中，展开项中的系数（即某个坐标轴上的坐标值）才能看成是函数投影的结果。

最后总结一下，不管是向量 u 还是函数 u，它们都可以被一组正交基 $\{v_n:n=1,2,\cdots,N\}$（有限个向量）或 $\{v_n:n=1,2,\cdots,\infty\}$（无限个函数）展开如下：

$$u=\sum c_n v_n,\ c_n=\frac{\langle u,v_n\rangle}{\langle v_n,v_n\rangle}$$

式中：c_n 为 u 在 v_n 所在的坐标轴上投影产生的坐标。

第3章　三维模型的处理技术

三维模型是用曲面表示模型得到的虚拟的物体，在三维模型中表示曲面的方式有两种：参数方程和隐式方程。参数方程是一个从二维参数到表示三维物体平面上点的空间坐标的三维参数的一个映射；隐式方程是一个等号左边为表示三维物体平面上点的空间坐标的三维参数构成的标量表达式，等号右边为0的方程。以平面上的单位圆为例，它的参数方程和隐式方程如下：

$$f:[0,2\pi]\rightarrow R^2, t\mapsto\begin{pmatrix}\cos t\\ \sin t\end{pmatrix}\text{(参数方程)} \tag{3.1}$$

$$F:R^2\rightarrow R,(x,y)\mapsto\sqrt{x^2+y^2}-1\text{(隐式方程)} \tag{3.2}$$

在实际中，采用何种曲面的表示方法，需要根据具体的应用情况而定。在实际的三维模型表示和处理中，曲面通常是由离散的网格逼近的，基于不同的软件开发商和应用情况，涌现出很多不同的三维模型网格表示方法，其中主要的方法有基于面的表示方法、基于边的表示方法、半边表示方法以及定向边表示方法。

1. 基于面的表示方法

基于面的表示方法是由网格所有面的集合所构成的，对于每一个面的表示采用多边形的顶点来表示，这种数据表示方法的最直观的好处就是简单易于理解。每个三角网格的面片有3个顶点，若使用32位单精度浮点数来表示每个顶点的坐标，即每个顶点需要4×3=12字节表示，而且一个三角面片需要三个顶点来表示，那么存储一个三角面片就需要有：

3(每个面片的顶点数)×3(三维坐标)×4(每个顶点的字节数)=36(字节)

从图3.1数据中可以看出，由于一个顶点被包含在不同的三角面片中，因此一个顶点的数据被多次存储。有一种改进这种存储冗余的方式，将三角网格模型的数据分为两个部分，一部分存储所有的顶点数据，另一部分存储每个三角面片的三个顶点的索引号，在计算机中可以采用数组的形式实现，如图3.1所示。采用这种方式存储的一个顶点只需要：

4(每个顶点的字节数)×3(三维顶点)+4(顶点的字节数)×6(6个索引数据)=36(字节)

但是这种数据结构，缺乏显式的连通性信息，在大多数算法中都会用到下面的操作：

(1) 迭代访问所有的点、边和面。

(2) 有方向地遍历一个面周围的边，这需要通过一条边找到它的下一条或者上一条边，可能还需要顺带地使用到对应顶点的数据。

(3) 通过一条边找到与它相邻的面或者它的两个端点。

(4) 通过一个顶点迭代访问它周围的边和面。

2. 基于边的表示方法

在基于面的表示方法中，只存储了顶点和面的信息，但是没有显示存储边的信息，基于边的表示方式对此进行了改进，不仅存储了边的信息，而且还存储了很多附加信息，如端点、邻边和相邻面的信息等。这种表示方法中存储一个面需要 4 个字节，存储一个顶点需要 16 个字节，存储一条边需要 32 个字节。

3. 半边表示法

在三维模型的半边表示法中，一个重要的概念就是半边（halfedge），即一条边的一半，等于是把一条边保持长度不变，形式上分为两条半边。这两条半边组合在一起称为一条边，也就是一条边等于一对半边。半边是有方向的，并且一条边的一对半边有相反的方向，半边表示的方法如图 3.2 所示。

三角面片编号	顶点坐标存储		
1	x_{11}，y_{11}，z_{11}	x_{12}，y_{12}，z_{12}	x_{13}，y_{13}，z_{13}
2	x_{21}，y_{21}，z_{21}	x_{22}，y_{22}，z_{22}	x_{23}，y_{23}，z_{23}
…	…	…	…
…	…	…	…
…	…	…	…
P	x_{P1}，y_{P1}，z_{P1}	x_{P2}，y_{P2}，z_{P2}	x_{P3}，y_{P3}，z_{P3}

图 3.1　三角面片的顶点数据

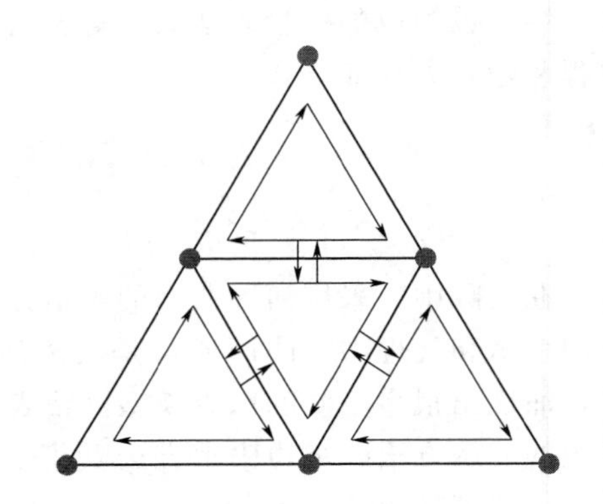

图 3.2　半边表示法（每个边因方向不同被分为两条边）

三维模型的半边表示方法中，存储一个面需要 4 个字节，存储一个顶点需要 16 个字节，存储一条半边需要 20 个字节，平均一个顶点需要 144 个字节。

3.1　三维模型的平滑

三维数据获取过程中由于环境因素、设备精度、人为扰动以及重建算法误差等原因，最终得到的三维模型中含有一定程度的噪声是不可避免的，噪声对三维模型的影响表现为顶点位置会产生偏移，通常可以使用一种相加的方式来表示受噪声干扰的三维模型，即

$$v=u+\eta \tag{3.3}$$

式中：v 为测量所得的三维模型顶点位置；u 为三维模型无噪声干扰下的真实顶点位置；η 为随机噪声。

三维模型光滑的目的是将顶点 v 移动到真实的位置 u 以消除噪声 η 对顶点位置的影响，然而通过测量方式得到的三维模型都是含有噪声的，无法知道真实顶点的位置，只能根据三维模型的一些特点或是先验知识来预测顶点的实际位置，然后移动三维模型的顶点

坐标以达到消除噪声的目的。这一过程可以用不同的术语来描述，通常认为去噪是消除三维模型表面的局部几何突变，同时在局部范围内保持形状变化的连贯性；光顺是在剔除噪声获取离散曲面更高阶光滑性的同时，保持网格模型的拓扑信息和几何特征不变性；光滑是指空间曲线或曲面的连续阶，一阶导数连续的空间曲线在数学中就可称为光滑的曲线。三种概念的表述略有差异，但目的都是要去除三维模型中所含有的噪声，还原模型真实的面貌。因此，本书中对于去噪、光滑和光顺不做严格区分，三者可以通用。

三维模型的曲面是通过网格逼近来表示的，对于网格模型来说，模型表面的光滑有两种方式：

(1) 三维模型去噪声。一般是去掉凸出曲面的部分（高频部分），而保留和曲面相当的部分（低频部分）。即需要一个在离散三角形网格曲面上的低通滤波器（low-pass filters），并且需要建立频率的相关概念。

(2) 三维模型的光滑。在模型光滑的过程中，所做的不仅仅只是去除高频的部分。光滑的过程相当于是对曲面做了一个变换，使其从各个角度（曲率、高阶导数）上看尽可能的光滑。

三维模型去除噪声常用的两种方法是傅里叶变换和扩散流（diffusion flow）。

1. 傅里叶变换

傅里叶变换表示一种映射 f，它将函数从空间域（Spatial Domain）$f(x)$ 变换到频域（Frequency Domain）$f(\omega)$，公式如下：

$$F(\omega)=\int_{-\infty}^{\infty} f(x)\mathrm{e}^{-2\pi i\omega x}\mathrm{d}x$$

$$f(x)=\int_{-\infty}^{\infty} F(\omega)\mathrm{e}^{2\pi i\omega x}\mathrm{d}\omega \tag{3.4}$$

其中的指数部分通过欧拉公式可以展开成如下的复数形式：

$$\mathrm{e}^{2\pi i\omega x}=\cos(2\pi\omega x)-i\sin(2\pi\omega x) \tag{3.5}$$

这是一个包含有正弦和余弦函数的以 ω 为自变量的（可以看作是频率）函数，可以将这个函数看做向量空间上的一组正交基，即频域（Frequency Domain）。可以将 $f(x)$ 看作向量空间中的一个元素，然后对它做下面的内积运算

$$\langle f,g\rangle=\int_{-\infty}^{\infty} f(x)\overline{g(x)}\mathrm{d}x \tag{3.6}$$

那么，傅里叶变换在这里表示了一种基的变换。通过将向量 f 投影到不同频率的基向量上，然后对其进行累加操作，这样就完成了从空间域（Spatial Domain）到频域（Frequency Domain）的转换，公式如下：

$$f(x)=\sum_{\omega=-\infty}^{\infty}\langle f,\mathrm{e}_{\omega}\rangle\mathrm{e}_{\omega} \tag{3.7}$$

如果要除去高频部分，则保留频率为 $|\omega|<\omega_{\max}$，上式变为

$$\tilde{f}(x)=\int_{-\omega_{\max}}^{\omega_{\max}}\langle f,\mathrm{e}_{\omega}\rangle\mathrm{e}_{\omega}\mathrm{d}x \tag{3.8}$$

对于离散的三角形网格，需要将连续的函数 $f(x)$ 用如下逐顶点的矩阵形式来表示 $[f(v_1),f(v_2),\cdots,f(v_n)]$。如果要将拉普拉斯-贝尔特拉米（Laplace-Beltrami Operator）

应用到函数上同样也需要变成逐顶点的矩阵形式，这样算子就变成了相应的拉普拉斯-贝尔特拉米矩阵 L：$\begin{pmatrix}\Delta f(v_1)\\ \vdots \\ \Delta f(v_n)\end{pmatrix}=\begin{pmatrix}f(v_1)\\ \vdots \\ f(v_n)\end{pmatrix}$。根据之前的知识，可以知道，对于上式的每一行是按下面的方法进行运算的：$\Delta f(v_i)=\sum_{v_j\in N_1(v_i)} w_{ij}[f(v_j)-f(v_i)]$。权重 w_{ij} 取值的时候要保证矩阵 L 是对称的。对于 w_{ij} 有以下两种取值的方法。

（1）均匀的形式：$w_{ij}=1$。

（2）余切的形式：$w_{ij}=\cot\alpha_{i,j}+\cot\beta_{i,j}$。

可以发现，对函数 e_ω 是拉普拉斯算子的特征函数，因为：

$$\Delta(e^{2\pi i\omega x})=\frac{d^2}{dx^2}e^{2\pi i\omega x}=-(2\pi\omega)^2e^{2\pi i\omega x}\quad \Delta e_i=\lambda_i e_i \tag{3.9}$$

这样一维傅里叶变换中的基就是拉普拉斯-贝尔特拉米算子的特征矩阵，很自然地可以想到，对于二维流型曲面其同样成立。在处理离散形式的时候，e_ω 就变成了矩阵 L 的特征向量 e_1，e_2，…，e_n，对于 e_i，用如下逐顶点的矩阵来表示：

$[e_i(v_i),\cdots,e_i(v_n)]$ 其中 e_i 的特征值代表了点 v_i 所处频域的频率，$e_i(v_k)$ 表示顶点的振幅。

对矩阵 L 的所有特征向量进行累加可以得到和前面相似的式子：$f=\sum_{i=1}^{n}\langle e_i,f\rangle e_i$。如果要滤掉高频部分，那么只需要对前 m 个特征向量进行累加即可：$\tilde{f}=\sum_{i=1}^{m}\langle e_i,f\rangle e_i$。

为了得到特征向量需要对拉普拉斯矩阵进行特征分解，而当模型的顶点比较多的时候，代价是十分昂贵的。而下面的扩散流方法则相对来说更容易实现，效率也更高一些。

2. 扩散流方法

诸如热扩散和布朗运动之类的物理过程可以使用下面的扩散方程来表示：

$$\frac{\partial f(x,t)}{\partial t}=\lambda\Delta f(x,t) \tag{3.10}$$

从形式上来看，这是一个二阶线性偏微分方程，通常 $f(x,t)$ 表示某点 x 在时刻 t 的温度，这个方程描述了物体内热运动的规律。要将其运用到曲面网格上，首先是将连续形式的拉普拉斯-贝尔特拉米算子替换为离散形式，然后将函数 f 改写为逐顶点形式：

$$\frac{\partial}{\partial t}f(v_i,t)=\lambda\Delta f(v_i,t),i=1,\cdots,n \tag{3.11}$$

为了简洁，可以使用矩阵的形式来表示：

$$\partial f(t)/\partial t=\lambda Lf(t) \tag{3.12}$$

等式左边的偏导数可以改写成微商的形式：

$$\frac{\partial f(t)}{\partial t}\approx\frac{f(t+h)-f(t)}{h} \tag{3.13}$$

化简得到：

$$f(t+h)=f(t)+h\frac{\partial f(t)}{\partial t}=f(t)+h\lambda Lf(t) \tag{3.14}$$

然后将相同的自变量移到一边，写成如下形式：

$$(Id-h\lambda L)f(t+h)=f(t) \tag{3.15}$$

最后要做的就是用上面的方程去更新网格上的每一个顶点。

由于顶点的拉普拉斯-贝尔特拉米算子等于其平均曲率法向量：$\Delta_s x=-2Hn$，所以上面的方式实际上是让每一个顶点沿着其法向量的方向移动，移动距离由这一点的平均曲率 H 决定。值得注意的是。扩散流方法比傅里叶变换的计算量更低，但是其主要的思想仍然是移除高频噪声（模型上不平滑的地方）而保留低频部分。

3.2 三维模型的参数化

三维模型参数化的主要目标是将复杂的三维模型转换到二维空间上。

从数学上解释，对三角形网格参数化的过程就是寻找一种映射，它能够把网格的每一个顶点 i 映射到（u_i, v_i）上。需要注意的一点是，经过映射后，任意两个三角形公共的部分只有可能是一条边、一个顶点或者不存在。

1. 重心映射

重心映射是一种在三角化网格中比较常用的参数化的方法。使用这种方法的网格必须满足三角形网格与圆盘是同胚的（简单地说就是网格必须有边界并且不能有洞），并且网格的边界在一个凸多边形上，同时内部的顶点是其周围顶点的凸组合。假设顶点的索引按照｛内部的顶点（1 到 n），边界上的顶点($n+1$ 到 N)｝排列，那么，对于任取实数 λ，满足 $\lambda_{i,j}=0,(i,j)\notin E,\lambda_{i,j}>E,\sum_{j=1}^{N}\lambda_{i,j}=1$，其中$(i,j)\in E$ 表示点 i 和点 j 相邻。

然后将处于边界的点(索引为 $n+1$ 到 N 的点)固定，用下面的线性方程去更新处于内部的顶点：$u_i-\sum_{j=1}^{n}\lambda_{i,j}u_j=\sum_{j=n+1}^{N}\lambda_{i,j}u_j, i=1,\cdots,n$。写成矩阵的形式就是要分别求解方程 $Au=b_1$ 和 $Av=b_2$。

而矩阵 A 的元素 a_{ij} 的取法一般有 3 种，其中最简单的一种是当下标 i 和 j 不相等的时候取 1，下标 i 和 j 相等的时候取顶点 i 周围顶点个数的相反数。这种取法的优势是简单并且计算较快，缺点是没有考虑到网格的集合属性，例如边的长度和三角形的角度，所以会不可避免地产生形变。

另一种方法就是使用下面的余切形式：

$$a_{i,j}=\frac{1}{2A}(\cot\alpha_{i,j}+\cot\beta_{i,j}), a_{i,i}=-\sum_{i\neq j}a_{i,j} \tag{3.16}$$

其中 α_{ij}，β_{ij} 以及 A_i 的含义如图 3.3 所示：

如果 $\alpha_{ij}+\beta_{ij}>\pi$，那么余切形式就有可能出现负数。可以通过将网格面进行分割来解决这个问题，也可以使用下面这种取法来解决。

$a_{i,j}=\frac{1}{\|x_i-x_j\|}\left[\tan\left(\frac{\delta_{i,j}}{2}\right)+\tan\left(\frac{\gamma_{i,j}}{2}\right)\right], a_{i,i}=-\sum_{i\neq j}a_{i,j}$ 其中 $\gamma_{i,j}$ 和 $\delta_{i,j}$ 的含义如图 3.4 所示。

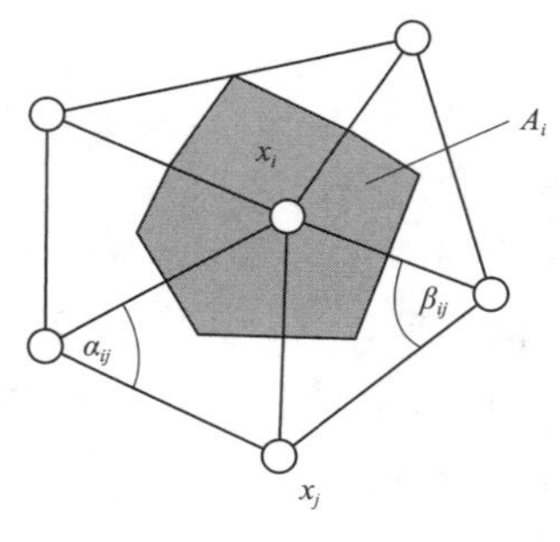

图 3.3　余切形式

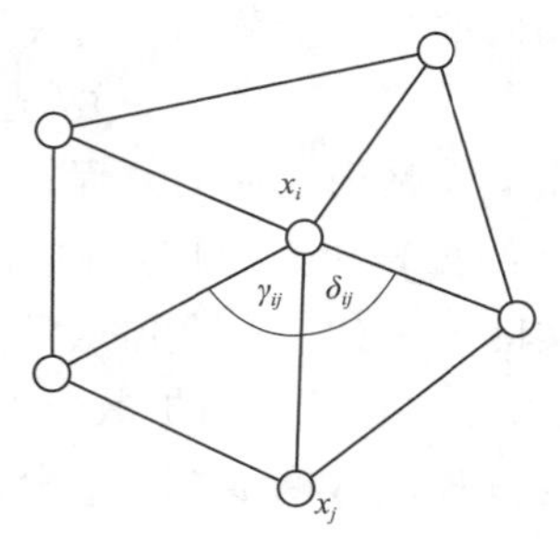

图 3.4　余切的改进形式

无论使用上面哪种方法，都需要手动指定并固定网格的边界，但是对于一个模型往往选取边界不是一件容易的事情，边界的选取会影响到参数化的结果，如图 3.5 所示。

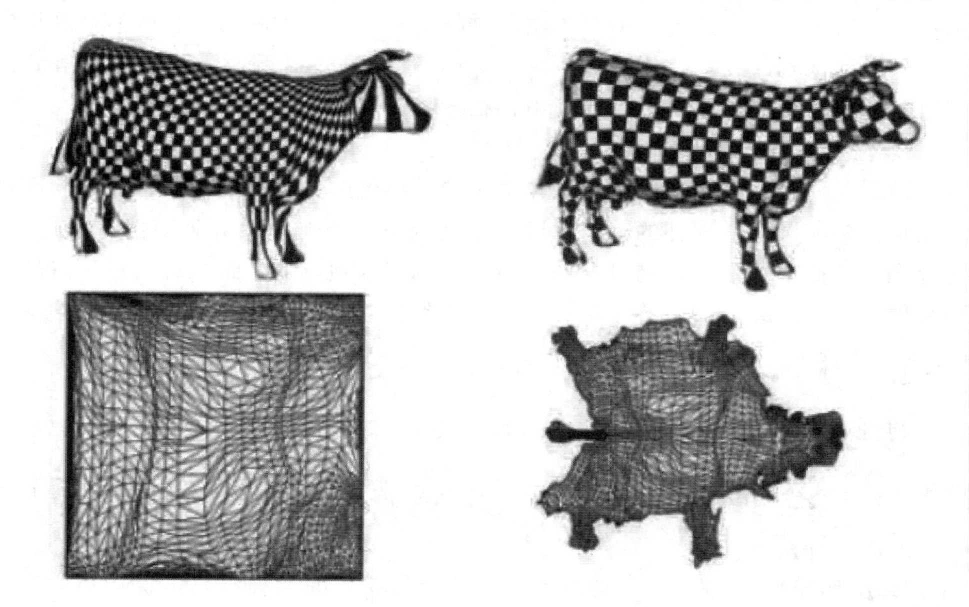

图 3.5　选取不同边界的参数化效果

2. 保角映射

对于保持角度的映射，引用之前的例子：假设参数空间（u，v）上存在一个小圆，使用保持角度映射将它变换到三维坐标空间之后，其沿着 u 和 v 方向的切向量 x_u 和 x_v 的模长应该是相等的，并且 x_u 和 x_v 正交。对于此变化的逆变化，即从三维坐标空间变换为二维参数空间也同样成立。

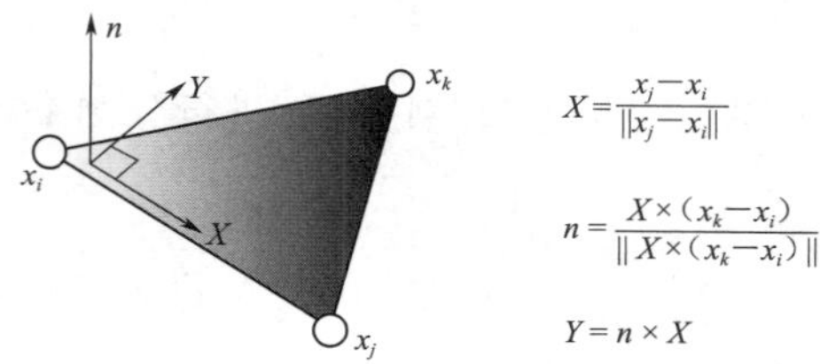

图 3.6　三角网格的正交基

与之前讨论梯度时的情况不同，参数化的函数是一个从三维曲面到二维平面的映射。为了定义这个函数的梯度，对于每一个三角形，选择一个顶点，并以该顶点为原点建立一组正交基，如图 3.6 所示。

在这样一组基向量下，函数的梯度的定义为

$$\nabla u=\begin{bmatrix}\partial u/\partial X\\ \partial u/\partial Y\end{bmatrix}=\underbrace{\frac{1}{2A_T}\begin{bmatrix}Y_j-Y_k & Y_k-Y_i & Y_i-Y_j\\ X_k-X_j & X_i-X_k & X_j-X_i\end{bmatrix}}_{=M_T}\begin{pmatrix}u_i\\ u_j\\ u_k\end{pmatrix} \tag{3.17}$$

由于保角映射的逆映射同样也是保角的，并且参数空间下 u 和 v 分量的基向量是垂直的，所以 $\nabla v=n\times\nabla u$，也可以用矩阵的形式来表示为 $\nabla v=(\nabla u)^{\perp}=\begin{bmatrix}0 & -1\\ 1 & 0\end{bmatrix}\nabla u$。然后将之前求得的梯度带入到上面的式子中，得到

$$M_T\begin{pmatrix}v_i\\ v_j\\ v_k\end{pmatrix}-\begin{bmatrix}0 & -1\\ 1 & 0\end{bmatrix}M_T\begin{pmatrix}u_i\\ u_j\\ u_k\end{pmatrix}=\begin{pmatrix}0\\ 0\end{pmatrix} \tag{3.18}$$

在连续集上，黎曼几何阐述了一个事实：任何的曲面都能够进行保角参数化。

但是，在分段线性函数表示的三角形网格中，只有可展曲面才能进行保角参数化。对于一般的曲面（非可展曲面），上式就不再能成立，即梯度向量 u 和 v 不一定是垂直的，但是要尽可能地让它们垂直，所以将上面的式子改写为下面的最小二乘的形式

$$E_{LSCM}=\sum_{T=(i,j,k)}A_T\left\|M_T\begin{pmatrix}v_i\\ v_j\\ v_k\end{pmatrix}-\begin{bmatrix}0 & -1\\ 1 & 0\end{bmatrix}M_T\begin{pmatrix}u_i\\ u_j\\ u_k\end{pmatrix}\right\|^2 \tag{3.19}$$

上面的方程被称为保角能量方程，注意到保角能量方程的值不会受到参数空间的平移和旋转变换的影响，所以并不存在唯一的最小解，一般在实际应用的时候会至少固定两个顶点的位置，然后再去求其最小值。

在之前进行曲面平滑过程中，为了让曲面变得更平滑，在边界固定的情况下考虑最小化曲面的面积。由于求曲面的面积的方程中包含了平方根和第一基本型，是高度非线性化的，为了简化运算引入了狄利特雷能量的概念。而在保角映射中使用到了保角能量的概念，当保角能量为 0 的时候说明该参数化的过程是保角的。而上述的 3 个量存在下面的关系：

$$\underbrace{\int_\Omega\sqrt{\det(I)}\,\mathrm{d}A}_{\text{曲面面积}}=\underbrace{\frac{1}{2}\int_\Omega\|x_u\|^2+\|x_v\|^2\,\mathrm{d}A}_{\text{狄利特雷能量}}-\underbrace{\frac{1}{2}\int_\Omega\|x_v-(x_u)^{\perp}\|^2\,\mathrm{d}A}_{\text{保角能量}} \tag{3.20}$$

这个式子很容易推导，只需要将等号两边的积分展开就能证明。

曲面平滑的过程中最小化了狄利特雷能量，而在上面的保角映射的过程中使用了最小二乘的思想来最小化保角能量。因为这两个量之间只相差了曲面面积，所以从某种角度上来说，这两种方法是等价的。

3.3　三维模型重网格化

关于重网格化直观的定义是：输入一个三维网格模型，通过计算得到另一个和输入大致相同且满足一定质量要求网格模型。网格曲面的重网格化有两个目标有：根据需求减少

曲面的复杂度；改善曲面的质量（Mesh Quality）。曲面的质量（Mesh Quality）指的是一些非拓扑属性（Non-Topological Properties），例如采样密度，正则性，大小，方位（Orientation），对齐性（Alignment），以及曲面网格的形状。

三维模型的重网格化针对的是两个种类的网格：三角网格和四边形网格。特别的四边形网格模型可以通过在每一个四边形中插入一条对角线，从而转换成三角网格模型。反过来，如果要把三角形网格模型转换为四边形网格模型，可以使用重心划分的方法，将三角形的重心和每一条边的中点连接，这样一个三角形就被划分成了 3 个四边形。另外还有一种方法是将三角形的重心和每一个顶点连接，然后舍弃掉网格上原来所有三角形的边。

三维网格模型的特性可以分为各向同性和各向异性两类。各向同性的网格是指网格的形状在各个方向上一致。理想情况下，当某个三角形（四边形）的元素是或者近似是等边三角形（正方形）时，就说这个元素是各向同性的。

各向异性的元素在网格曲面上各个方向的形状往往都不同，通常这些元素都朝向主曲率的方向。这种元素往往能够更好地表现几何体的结构特征。它的另一个优势在于相对于各向同性可以得到同样质量的网格，同时其使用的元素的个数更少。

光滑的作用可以改变元素的密度，在一个平均分布的网格模型中，网格元素平均分布在整个模型上。在一个不均匀或者适应性分布的网格模型中，每个区域分布的元素的数量都不同，例如比较小的元素通常会较多地处于曲率较高的区域。通过调整，这种不均匀或者适应性分布的网格能够用更少的元素更好地近似出原来的网格。

光滑的作用可以改变元素的对齐性和方位，在重网格的过程中，一些尖锐突出的地方通常会受到影响产生走样，这些地方的切线是不连续的，为了避免这个情况需要将网格元素与突出的地方对齐。

光滑的作用可以改变全局结构。当三角形网格上非边界上的顶点周围顶点的数量为 6 或者边界上的顶点周围顶点的数量为 4 的时候，称这个顶点是正则的。同理对于四边形网格来说，这两个值对应分别是 4 和 3。相对于正则，其他的顶点则是非正则。网格的全局结构可以根据正则顶点的数目分为非正则，半正则，高度正则和正则 4 种。

光滑的作用可以改变网格的一致性。所有重网格算法都会在曲面上或者曲面附近计算点的位置。其中大部分算法甚至还会进行额外的迭代来修正顶点的位置以改善网格的质量。所以在重网格的过程中一个关键的问题就是要保证计算前后顶点的一致性。下面有几种解决这个问题的方法：

（1）全局参数化：将输入的模型整个参数化到一个二维参数域上，然后在这个参数域对采样点的分布和位置进行调整，最后再将其还原到三维空间中。

（2）局部参数化：算法只保留某个点局部的参数化信息，当采样点变换的时候，再去计算那个点的局部参数化信息。

（3）投影：将采样点投影到输入模型上对应最近的顶点、边或者三角形上。

3.4　三维模型的网格简化与逼近

网格简化的算法大致上可以分为下面几种。

（1）顶点聚类算法：顶点聚类算法拥有很高的效率和鲁棒性，算法的复杂度是线性的。其缺点在于生成网格的质量不是特别令人满意。顶点聚类算法的基本思想是：给定一个逼近容忍度阈值 ε，然后将物体表面的包围空间划分成一些直径小于 ε 的小细胞。对于每一个小细胞，计算出一个坐标来代表这个小细胞。同一个小细胞内的点、面或者边最终都会最终退化为一个顶点。简单地说就是将一个小细胞内的所有顶点退化为一个顶点。对于分属两个小细胞的聚类 P 和 Q，如果 p 和 q 是最终得到的能够代表 P 和 Q 所在小细胞内的顶点，那么 p 和 q 是连接的，当且仅当聚类 P 和 Q 原来包含的一系列顶点中存在一对相连接的顶点（p_i, q_i）。

假设原三维网格模型是二维流形，通过顶点聚类算法得到的结果并不一定是二维流形。当几个点最终退化成为一个点的曲面和圆盘不同胚的时候，流形的拓扑结构会发生改变。这既是缺点又是优点，正是因为可以改变模型的拓扑结构，所以顶点聚类算法能够很有效地降低网格的复杂度。举一个例子，如果使用一个不能改变拓扑结构来简化的一个海绵模型，考虑到海绵有很多小洞，如果不改变它的拓扑结构，它的复杂度并不会减少。

顶点聚类算法的计算效率主要由将网格上的顶点映射到一个聚类这个过程决定。如果将空间划分成等大的若干小细胞，那么这个过程的复杂度是线性的。然后对于一个小细胞，用一个顶点来表示它。因为小细胞的数量远远少于顶点数，这个过程耗费的时间远远少于前一个过程。顶点聚类算法的另一个优点是通过定义一个不同的聚类，能够保证逼近的阈值。然而实际操作中会发现，实际逼近的偏离度会小于的聚类的半径。考虑一个最终会退化为一个顶点的很大的平面，其逼近的偏离度远远小于聚类的半径。因此若给定一个错误阈值，往往不能最优地简化复杂度。

不同的顶点聚类算法的主要区别是其计算代表小细胞的那个点的方法不同。其中最简单的一种方法就是直接计算小细胞内相关点的平均值。一个更合理的方法是使用最小二乘逼近的方法去寻找这个点的最优位置。记小细胞内的某个三角形所在的平面为

$$P_i = (x_i, n_i)$$

其中 x_i 为平面上的某一点，n_i 为它的法向量。那么任意一点 x 到该平面的距离的平方为

$$\mathrm{dist}^2(x, P_i) = (n_i^{\mathrm{T}} x - d)^2 \tag{3.21}$$

可以把 x 和 n 写成齐次坐标来简化上面的式子，即 $\bar{x} =$（x，1），$\bar{n}_i =$（n_i，$-d$），得到：

$$\mathrm{dist}^2(x, P_i) = (\bar{n}_i^{\mathrm{T}} \bar{x})^2 = \bar{x}^{\mathrm{T}} \bar{n}_i \bar{n}_i^{\mathrm{T}} \bar{x} = \bar{x}^{\mathrm{T}} Q_i \bar{x} \tag{3.22}$$

使用同样的方法计算并累加这个小细胞内所有的三角形，得到二次误差度量：

$$E(x) = \sum_{t_i \in C} \bar{x}^{\mathrm{T}} Q_i \bar{x} = \bar{x}^{\mathrm{T}} \Big(\sum_{t_i \in C} Q_i\Big) \bar{x} = \bar{x}^{\mathrm{T}} Q \bar{x} \tag{3.23}$$

通过解下面这个线性方程，能够得到 x 的最优解：

$$\underbrace{\Big(\sum_i n_i n_i^{\mathrm{T}}\Big)}_{A} x = \underbrace{\Big(\sum_i n_i d_i\Big)}_{b} \tag{3.24}$$

其中矩阵 A 和向量 b，可以得到 $Q = \begin{bmatrix} A & -b \\ -b^{\mathrm{T}} & c \end{bmatrix}$。

针对不规则的三角剖分网格，可以使用三角形的面积作为权重，上面的式子可以改写为下面的形式：

$$E(x)=\sum_i w_i \mathrm{dist}^2(x, P_i),\ Q=\sum_i w_i Q_i \tag{3.25}$$

之后使用同样的方法进行计算即可。

(2) 增量算法：增量算法生成的网格质量很高，并且每次迭代的过程中能够使用任意用户定义的标准来进行网格操作。不过其复杂度较高，复杂度为 O ($n\log n$)，最差复杂度为 O (n^2)。

增量算法的主要思想是：通过不断地迭代来逐渐移除掉网格上的顶点。每次迭代时根据指定的标准移除一个顶点，标准可以是二态的（即移除或不移除），这时通常需要一个全局的逼近阈值或一些其他的全局量，如三角形的宽高比等；也可以是连续性（移除这个顶点后网格的整体质量）。这时应考虑：两个相邻的三角形之间法向量的变化越小越好，各项同性的三角网格比各向异性的三角形网格要好。

每一次发生移除操作的时候，曲面某些区域的几何结构就会发生变化，因此需要重新的评估当前的曲面，而在整个迭代的过程中这个过程是最耗费时间的。根据给定的标准，可以给每一个顶点一个优先级，每次进行移除操作的时候都会选取当前优先级最高的顶点，所以这里使用堆来组织这些顶点是比较合适的。

(3) 重采样算法：重采样算法是最常用的算法。新的采样点被放置在网格曲面上，通过连接这些顶点，能够构建出一个新的网格。使用重采样算法的主要目的是在于，通过重采样能够获得想要的网格连接结构。不过其主要的缺点在于，如果采样模式与网格区域没有对齐，那么就会出现走样。为了避免这个问题，需要手动将网格根据其特征将其分割为不同的区域。

3.5　三维模型的变形

一个三角形网格的变形算法应该满足下面两个基本条件：

(1) 能够隐藏于交互界面之后。

(2) 效率足够高以满足交互需求。

将曲面 S 变形为曲面 S' 的过程可以描述为：给定一个位移函数，该函数输入曲面上的点 $p\in S$，给出一个位移向量 $\mathrm{d}(p)$，并通过以下方式将曲面 S 映射为变形后的曲面 S'：$S'=\{p+d(p)\mid p\in S\}$。对于离散的三角形网格，位移函数 d 是分段线性的，即对于 $p_i\in S$ 有 $d_i=d(p_i)$。为了人为地控制变形的过程，常常会在网格上指定一些控制点 $p_i\in H\subset S$，然后固定网格的一部分 $F\subset S$，对于这些点，其位移函数可以描述为

$$\begin{aligned} &d(p_i=\bar{d}_i),\ \forall p_i\in H \\ &d(p_i)=0,\ \forall p_i\in F \end{aligned} \tag{3.26}$$

图 3.7 中对一个正方形的曲面 S 进行变形，固定曲面 S 灰色的部分 F，然后选取阴影部分 H 的顶点作为控制顶，将其向上拉动。可以看到经过变形后，没有被固定的部分（R，即深灰色部分）的顶点位置发生了相应的改变。

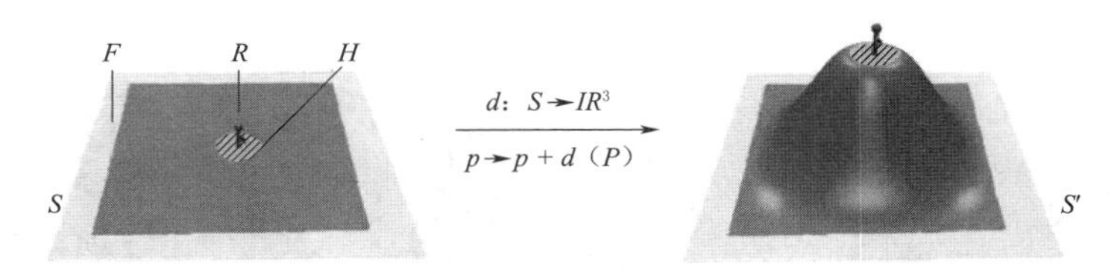

图 3.7 曲面的变形实例

一个主要的问题就是如何选取合适的位移函数 d_i，使得变形的结果符合需求。这里将会讨论两大类变形的方法：

（1）基于曲面的变形：位移函数 d 是从曲面 S 到三位空间的映射，即计算时在三角形网格上进行的。这类方法能够有很高的控制度，能够对每一个顶点都加以控制，但是其鲁棒性不好，运行效率往往取决网格的复杂度和质量。

（2）空间变形：位移函数 d 是从三维空间到三位空间的映射，即对曲面 S 的变形是隐式的。因为计算不依赖于三角形网格曲面 S，所以其不受网格复杂度和质量的影响。

这里讨论的大部分方法都是线性的方法，通常只需要解线性方程，即最小化二次能量。使用线性系统的优点在于求解的效率高，缺点是有些时候得到的结果是不直观的。非线性的方法通过最小化更为精确的变形能量，能够达到更好的效果，但是求解效率确不高。

变形扩散是一个常用且简单的方法是将对控制点的变换传播到整个变形区域上。在指定好控制点 H 和变形区域 R 后，控制点由用户控制发生变换 T，然后将变换 T 插值传播至变形区域 R 上，使得从固定区域 F 至变换后控制点所在的区域 H' 的变化是平滑的。两者间的插值混合可以由一个标量场 s 进行控制：s：$S \to [0,\ 1]$，其中 $s=1$ 代表顶点处于控制区域 H（区域内的顶点被完全变换），$s=0$ 代表顶点处于固定区域 F（区域内的顶点不发生变换），而位于变换区域 R 内的顶点的 s 值则由顶点到区域 F 和区域 H 的距离决定，即有 $s(p)=\dfrac{\mathrm{dist}_F(p)}{\mathrm{dist}_F(p)+\mathrm{dist}_H(p)}$。距离既可以是测地线距离也可是欧氏距离，前者的计算更复杂但是计算效果更好。

另外标量场 s 也能够是曲面 S 上的调和场（无源无旋），即其满足拉普拉斯方程：$\Delta s=0$，对于区域 F 和 H，加以狄利特雷限制（Dirichlet Constraint），然后解下列线性拉普拉斯方程即可得到标量场 s。

$$
\begin{aligned}
\Delta s(p_i)&=0,\ p_i \in R\\
s(p_i)&=1,\ p_i \in H\\
s(p_i)&=1,\ p_i \in F
\end{aligned}
\tag{3.27}
$$

虽然此法性能逊于前者，但是能够保证结果足够光滑，而前者基于距离的方法只能保证 C_1 连续。标量场 s 还能够进行进一步的调整以提供更多的控制和灵活度。t：$[0,1] \to [0,1]$得到标量场后，对每一个顶点按以下方法进行插值运算，即可得到变形后顶点的位置，新位置为：$p_i'=s(p_i)T(p_i)+[1-s(p_i)]p_i$，如图 3.8 所示。不过此法存在一个问题，得到结果并不是几何上最直观的，还需要对控制区域 H 内的顶点的位移函数 d 进行平滑处理，或者使用最小化某些基于物理量的变形能量的方法。

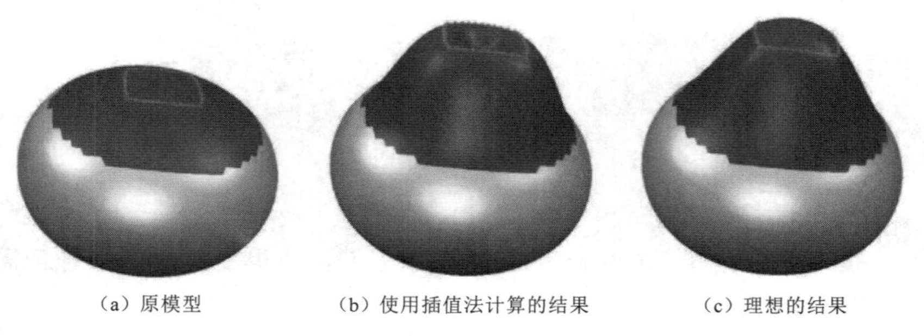

（a）原模型　　（b）使用插值法计算的结果　　（c）理想的结果

图 3.8　顶点位置

为了得到更直观准确的结果，位移函数 d 可以通过最小化基于物理量的变形能量的方法得到。把曲面 S 看作是能够拉伸或者弯折的物理材质（皮肤、布料等），然后使用能量函数来描述拉伸和弯折的程度。

多尺度变形的主要思想是使用在曲面平滑算法中提到的分解的方法将曲面分解为高频和低频两个部分。低频部分即是曲面大致的外形，而高频部分则代表小尺度的细节。我们的目标是对低频部分进行变形并保持高频部分的细节。这个过程在二维情况下如图 3.9 所示，虚线部分表示了曲线的低频部分，将这条虚线进行变形并添加上高频细节，最终得到了理想的形变结果。

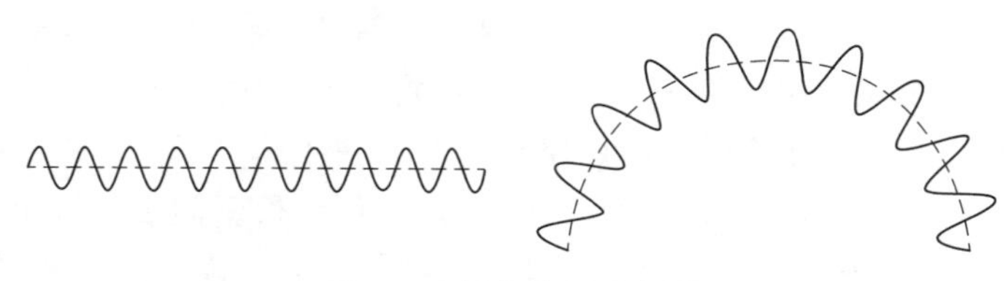

图 3.9　频率叠加示意图

在三维的情况下，首先通过移除高频部分计算出曲面 S 的低频形式 B（原模型的光滑简化形式），在 B 上模型的细节 D 被移除。将 B 形变得到 B'，通过 B' 和 D 能够重建出最终的变形后的曲面 S'。

图 3.10 中只对原模型进行了一次分解，同样地也可以对 B 再一次进行分解，以达到多尺度变形的目的。可以看到多尺度变形主要包含下面三个操作：分解、变形和重建。在网格模型变形中，经常会用到位移向量，位移向量最直接的表示方法就是使用一个向量函数 h：$B \to R^3$，函数 $h(p)$ 表示光滑曲面 B 上每一个顶点都对应着一个三维向量。由于 S 和 B 拥有相同的连接性，所以位移向量可以表示为：$h_i = p_i - b_i$，$p_i = b_i + h_i (h_i \in R^3)$ 其中 $b_i \in B$，$p_i \in S$。

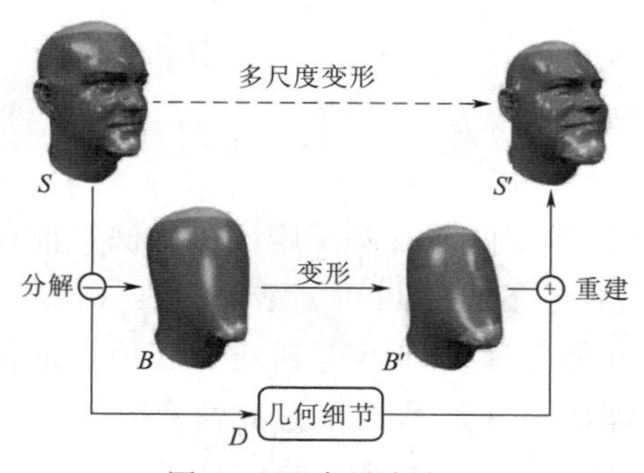

图 3.10　多尺度变形

使用全局坐标系去表示位移向量得到结果如

图 3.11（a）所示，正确的方法是使用局部的基向量去表示位移向量（图 3.11）。

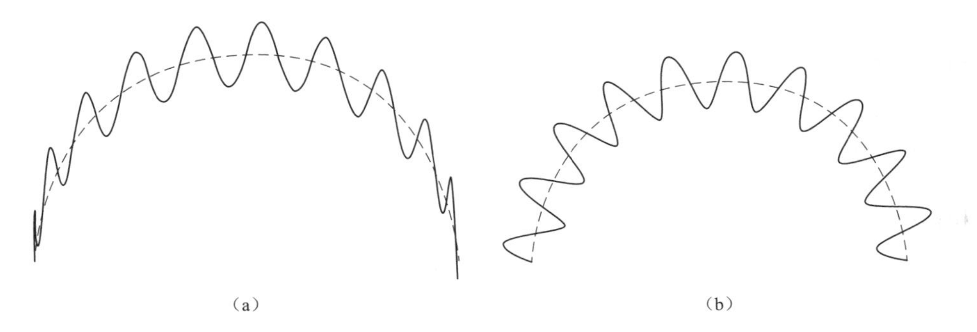

（a） （b）

图 3.11 位移向量的表示

因此在存储 h_i 时，需要使用曲面 B 上每个顶点的局部标价下的坐标而不是全局坐标。一般取法向量 n_i 和另外两个向量 $t_{(i,1)}$ 和 $t_{(i,2)}$ 作为一组正交基，有 $h_i=\alpha_i n_i+\beta_i t_{i,1}+\gamma t_{i,2}$。基向量在从 B 变形到 B' 的过程中会发生相应的旋转，最终根据 B' 的基向量以及位移向量在 B 中局部坐标基下的坐标可以得到 S' 上每一个顶点的坐标：$p'_i=b'_i+\alpha_i n'_i+\beta_i t'_{i,1}+\gamma_i t'_{i,2}$，其中法向量 n_i 在每一个顶点上都是有定义的，剩下的只需要按照统一的标准取另外两个轴 $t_{i,1}$ 和 $t_{i,2}$ 即可。

当位移向量过长的时候会导致结果不稳定，特别是在进行弯折变形的时候，因此位移向量应该越短越好。因此，一般不再去寻找 B 上 p_i 的对应顶点 b_i，而是去寻找 B 上距离 p 最近的顶点。这种思想就是所谓的法向量位移，即

$$p_i=b_i+h_i\cdot n_i,\ h_i\in R \tag{3.28}$$

因为在 3.5 节中 h_i 通常是不与法向量平行的，因此法向量位移方法需要对 S 和 B 上的顶点进行重新采样，从 $b_i\in B$ 上发射一条与法向量平行的射线以找到其在 S 上对应的顶点 p_i，而重采样则会导致走样现象的出现。

为了改进上面的方法，对于点 $p_i\in S$，寻找一个点 $b_i\in B$，且 p_i-b_i 与 b_i 的法向量平行，而 b_i 是曲面 B 上的任意一点，该点处于 B 上某一个三角形$(a,b,c)\in B$ 之中，因此 b_i 可以表示为下列重心坐标的形式

$$b_i=\alpha a+\beta b+\gamma c$$

其法向量同样可以由重心坐标插值得到

$$n_i=\frac{\alpha n_a+\beta n_b+\lambda n_c}{\|\alpha n_a+\beta n_b+\lambda n_c\|} \tag{3.29}$$

而寻找点 b 的过程，可以使用牛顿迭代法求解下面方程的根

$$f(\alpha,\beta,\gamma)=(p_i-b_i)\times n_i \tag{3.30}$$

整个过程大致为：首先寻找离 p_i 最近的三角形，如果在进行牛顿迭代的过程中重心坐标出现了负值，则分别对其相邻的三角形进行处理。一旦得到了三角形（a,b,c）和重心坐标（α,β,γ），则可以通过变形后的曲面 B' 计算出 S' 上每一个顶点 p_i 的坐标

$$p'_i=(\alpha a'+\beta b'+\gamma c')+h_i\cdot\frac{\alpha n'_a+\beta n'_b+\gamma c'_c}{\|\alpha n'_a+\beta n'_b+\gamma c'_c\|} \tag{3.31}$$

这样避免了对曲面进行重采样，从而使得某些尖锐细小的特征得到保留。因为点 b_i 是曲面 B 上的任意一点，因此对于曲面 S 和 B 来说，其连接性并不一定要求是已知的。可以利用这一点来对曲面 B 进行重采样以获得更高的数值鲁棒性。

3.6　三维模型的相似性匹配

相似性匹配算法的目的是在众多的信息中找到与查询信息最相似的若干个信息。在三维模型检索领域中，基于内容的检索是用形状描述符来代表三维模型的，并将其表示成一个 n 维向量的形式，可以简称为特征向量。模型之间的相似性匹配就简化为特征向量之间的相似性匹配。从数学角度可以描述为：给定两个三维模型 M_1 和 M_2，分别使用相同的形状描述符提取方法得到两个特征向量 s_1 和 s_2，使用某种度量函数 $D(s_1,s_2)$ 来计算两个模型之间的相似度，如图 3.12 所示。

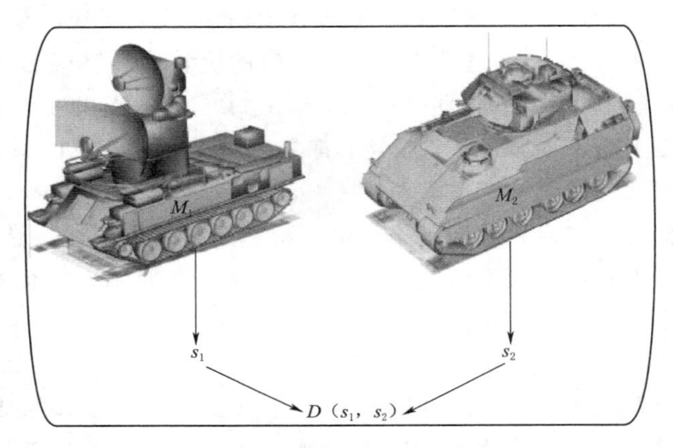

图 3.12　三维模型的相似度计算

检索过程就是查询模型的特征向量和特征库中的每个特征向量计算相似度并排序，根据排序结果，返回前 n 个模型作为最终检索结果的过程。

第4章　基于内容的三维模型检索系统

随着三维扫描技术和三维建模软件的普及，以及互联网技术的发展，使得三维模型的数量急剧增长，为了能充分利用已有的模型资源，对三维模型检索系统的研究越来越多受到重视，特别是基于内容的三维模型检索技术已成为计算机图形学的一个研究热点。

4.1　通用三维模型检索系统简介及总体框架

近年来，随着三维数据获取技术的进步，越来越多商用的或是免费的三维模型库出现了，并且从专业领域逐渐发展到了通用领域中，并随着应用领域的拓宽而日益受到重视，已经有了一些原型系统用于研究，并开发了一些基于互联网的三维模型检索系统，下面简单介绍几个比较成熟的三维模型检索系统。

（1）美国普林斯顿大学形状检索与分析实验室（Shape Retrieval and Analysis Group）提供了一个标准的三维模型库用于检索，模型库中有36000个模型，涉及通用模型子库和多个专业子库。搜索引擎网址为 http：//shape. cs. princeton. edu/search. html。美国普林斯顿大学是开展三维模型检索研究最早的一批科研机构之一。模型库是按照三维模型的类别建立的结构化数据库，所有模型均采用“*. off”格式统一存储，部分模型的二维视图如图4.1所示。目前，此模型库已成为基于内容的三维模型检索算法的标准实验库。整个系统分为客户端与服务器端两个部分，由三维模型获取模块、数据库模块、索引模块、检索模块和查询界面模块组成，图4.2是此三维模型检索系统的主界面。

（2）美国卡耐基—梅隆大学 AMP（Advanced Multimedia Processing）实验室开发的三维模型检索系统，使用多个特征对2000个 VRML 模型进行检索，同时结合了底层形状特征和语义特征进行检索，并提供了用户相关反馈的功能。

（3）德国莱比锡大学 CGIP（Computer Graphics and Image Processing）实验室的 Saupe 和 Vranic 等人开发的基于 VRML 模型库的在线三维模型检索系统 CCCC（Conten-based Classification of 3D model by Capuring spatial Characteristics），允许用户任意的选择三维坐标轴 X、Y 和 Z 进行模型坐标的标准化，这样能使检索结果更符合用户的要求，该系统基于 Web 平台设计，用户界面友好。

（4）希腊 ITI 学院信息处理实验室开发的基于 VRML 模型数据库的三维模型检索系统，除了可以在三维模型库中进行检索外，还提供了对三维模型进行两两比较的用户界面和功能。

（5）荷兰 Utrecht 大学的 GIVE（Geometry，Imaging and Virtual Environment）实

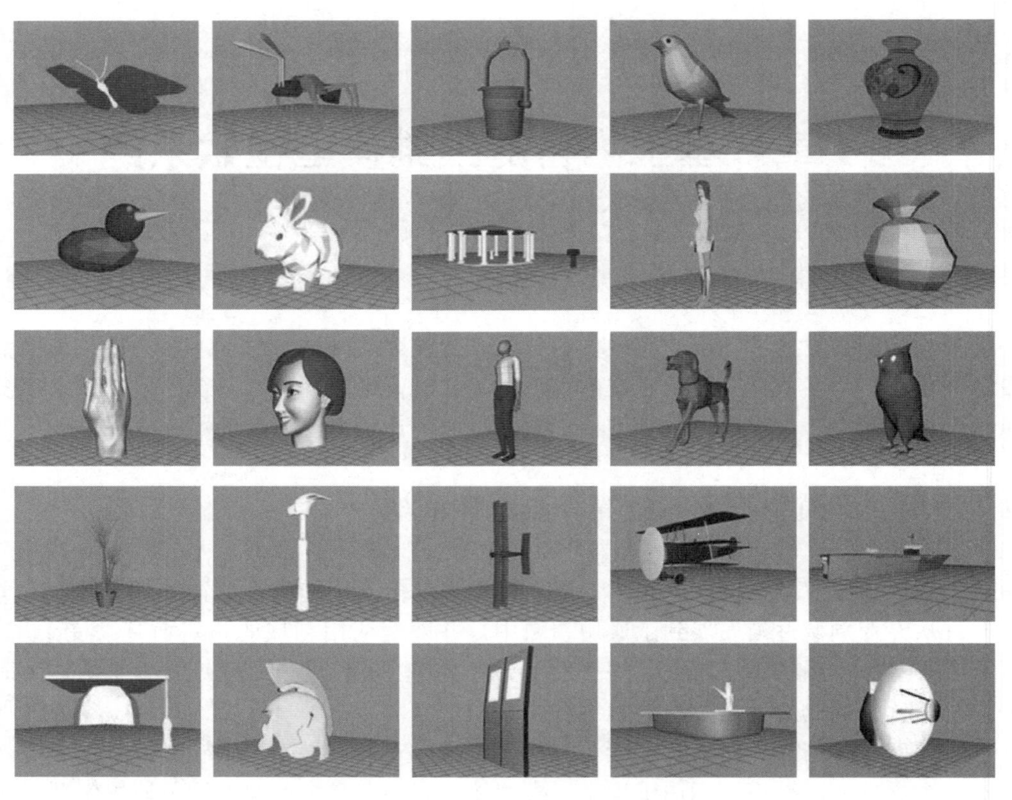

图 4.1　PSB 部分模型的二维视图

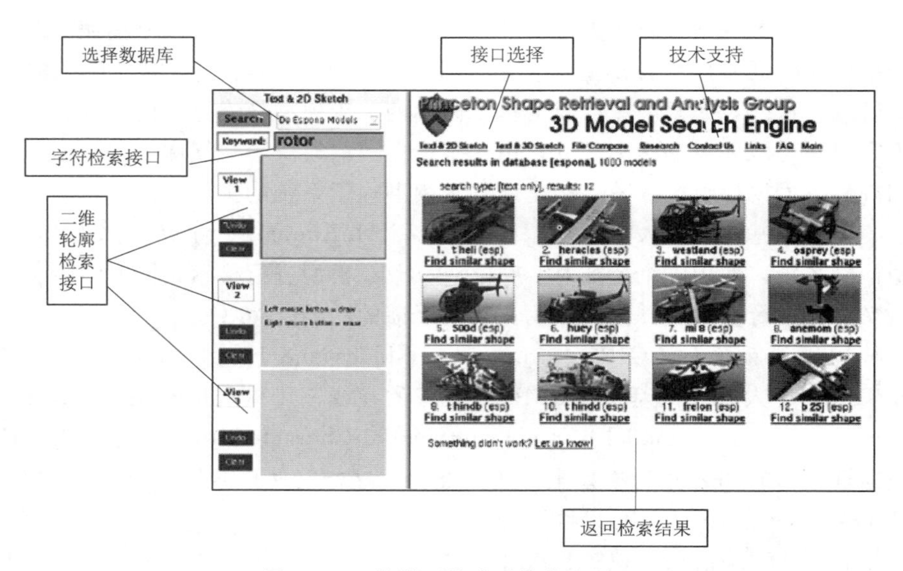

图 4.2　三维模型检索系统的主界面

验室研制开发的三维形状搜索引擎，主要基于高斯曲率等形状特征，实现基于模型局部特征的检索。

(6) 日本多媒体教育学院开发的基于 Web 的多边形模型检索系统 Ogden Ⅳ，该系统同时使用模型的形状和颜色特征对 VRML 模型数据库实现检索，以建立三维的网络教学环境。

(7) 美国布朗大学的 LEMS（Laboratory for Engineering Man/Machine System）实验室开发的三维模型检索系统，通过二维图像，在三维模型库中检索出相似的三维物体模型。

总体来说，普林斯顿大学开发的三维模型检索平台提供的服务最多，功能最强大，同时也是检索效率最高的系统。

此外，还有一些用于专业领域的检索系统，如德国慕尼黑大学 Ankers 等人研制的三维蛋白质分子模型检索系统以及苏格兰 Heriot - Watt 大学开发的基于 Web 的 CAD 模型搜索引擎等。

在国内，西北大学可视化技术研究所依托国家 863 计划重点项目《三维模型智能处理与检索平台》以及国家自然科学基金项目《文物三维模型的语义标注与本体检索技术研究》的支持也构建了一个大型的三维模型库，包含近 60000 个模型，分为 60 个大类，并对此数据库做了结构化处理，集成了多种三维模型处理与检索技术，能提供基于互联网的三维模型检索服务。此模型库中部分三维模型的二维视图如图 4.3 所示，检索系统的主界面如图 4.4 所示。

此三维模型智能处理与检索系统主要包括三维模型建构模块、模型格式转换模块、模型数据库管理模块、模型智能处理模块以及三维模型的检索和绘制模块。本书的研究工作主要针对三维模型的检索技术，并集成于三维模型的检索和绘制模块中。系统及检索模块数据流如图 4.5 和图 4.6 所示。

图 4.3 部分三维模型的二维视图

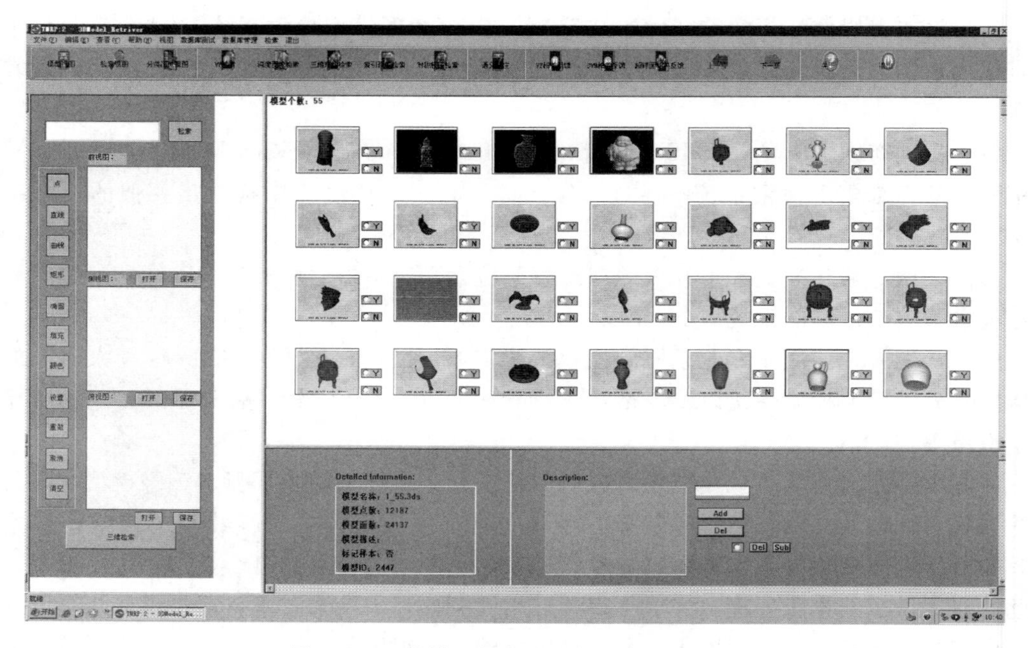

图 4.4　三维模型智能处理与检索系统界面

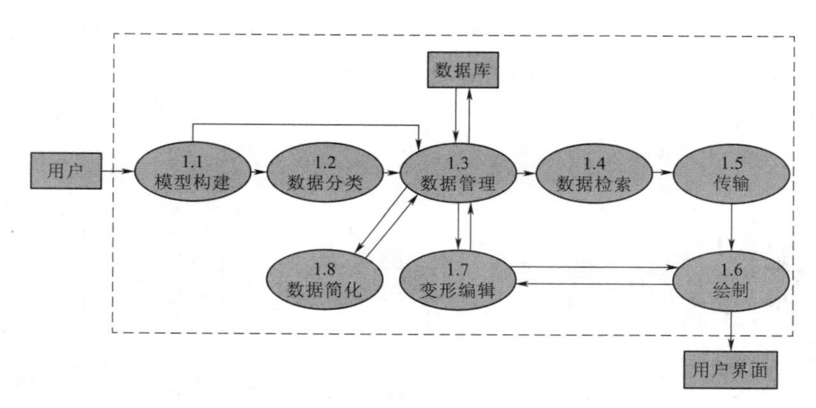

图 4.5　三维模型智能处理和检索系统数据流图

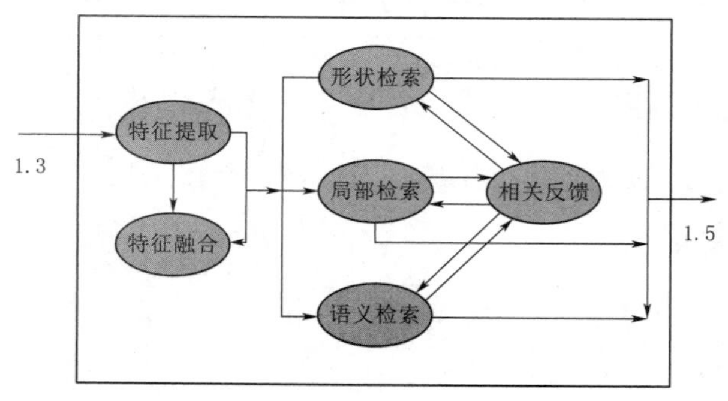

图 4.6　检索模块数据流图

以上三维模型检索系统的主界面及输入接口虽然各有不同，但其检索过程大体相同。基于内容的三维模型检索系统一般由离线部分和在线部分组成，如图 4.7 所示。离线部分的主要工作是将模型库中的每个模型按某种方式提取能唯一代表此模型的形状描述符，然后建立索引形成三维模型特征库；在线部分首先对查询模型用相同的方法提取形状描述符，然后与特征库中每个形状描述符逐一的计算相似度并排序，选取与查询模型最相似的若干个结果，根据索引信息返回与其对应的三维模型给用户。

基于内容的三维模型检索系统中的关键技术包括三维模型的预处理、形状描述符的提取和相似性匹配技术。绝大多数的三维模型在提取形状描述符之前，都需要对模型做一些预处理工作，具体的预处理过程需要根据三维模型特征提取方式的要求而确定，常见的预处理有：三维模型的缩放平移、旋转归一化、光滑去噪及体素化等。在 Bustos 等提出的对基于形状的三维模型检索技术的分类法中，将形状描述符的提取过程分成了一系列的子过程，该方法将模型的预处理作为了第一个子过程，如图 4.8 所示。由此可见，预处理技术虽然没有直接参与特征向量的提取和对比，但是在三维模型检索系统中也起到了非常重要的作用。在检索系统中为了取得更好的检索效果，除了对模型进行旋转归一化处理以得到具有缩放、平移及旋转不变的形状描述符外，在形状描述符提取前对模型进行光滑预处理也是十分必要的。

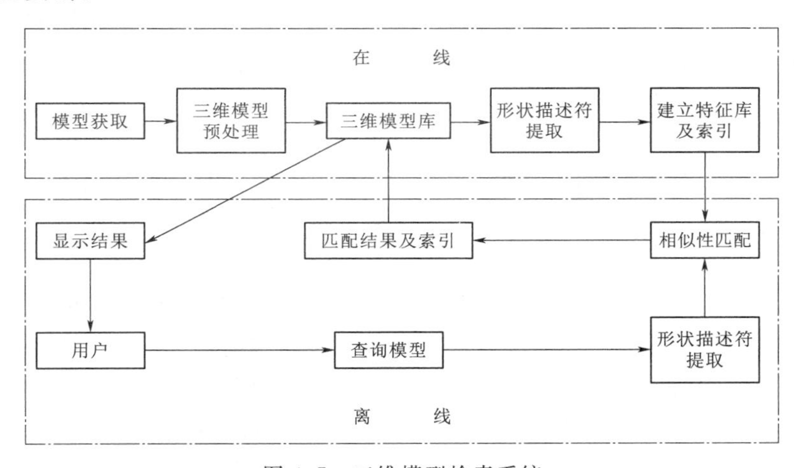

图 4.7 三维模型检索系统

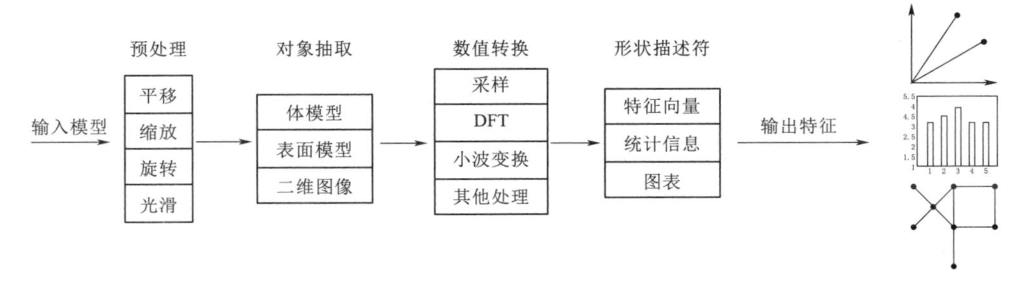

图 4.8 三维模型形状描述符的提取过程

4.2 三维模型光滑预处理技术

三维网格模型通常是由三维扫描仪获取的点云数据，根据几何特征和拓扑信息重建得到的，因为环境因素、仪器自身精度以及重建算法误差等因素，重建后的三维网格模型都不可避免的含有噪声，噪声会对三维模型形状描述符的提取产生较大的影响。因此，为了能够更加准确和有效的提取三维模型的形状描述符以供检索使用，必须对模型进行光滑预处理。对于三维模型表面，噪声和几何特征的区分并没有严格的定义，在视觉效果上，噪声和几何特征都是模型表面的某种几何形状属性。然而要对模型进行光滑去噪，首先需要对噪声做出明确的定义，然后依据此定义将三维模型的表面几何属性进行区分，去除噪声部分就得到了光滑的三维模型。

4.2.1 三维模型光滑算法的分类

根据不同的理论和视角，可以对模型的几何特征和噪声做不同的定义，并对三维模型的光滑算法进行分类。

1. 基于数字信号理论的光滑算法

从数字信号的视角，噪声通常被认为是随机的高频信号，噪声信号的频率阈值是人为设定的，大于此频率阈值的信号归类为噪声，可以通过各种空间域或频域的滤波器去除噪声信号。经典的信号处理方法如小波变换和傅里叶变换等各种变换技术，是对信号进行光滑滤波的强有力工具，其核心思想是将信号从空间域变换到频域，然后人为设定一个阈值，高于此频率阈值的信号被认为是噪声予以去除，低于此频率阈值的信号被认为是原始信号的组成部分予以保留。应用这种方法对三维模型进行光滑的关键在于如何将欧式空间中的信号处理方法推广到三维模型上，很多学者在这方面做了深入的研究，主要可以分为以下两类方法。

一类是参数化的信号处理方法。三维模型不同于一维的音频和二维的图像信号，它是定义域上的非均匀采样信号，经典的信号处理方法，如傅里叶变换、余弦变换和小波变换等，不能直接推广到三维模型上使用，只能通过参数化的方法将三维模型映射到一个平面或球面上，然后在规则的参数域上使用信号处理方法进行滤波光滑。三维模型的参数化过程是要建立三角网格曲面 M 上的点 $p_i \in R^3$ 与二维流形参数域 Ω_p 上的点 $p_i^* \in \Omega_p$ 的一一映射 ϕ，使得映射后的网格和原始网格拓扑同构，并且满足参数域网格和原始网格之间的某种几何度量的形变最小。对三维模型进行参数化后，对三维模型的滤波光滑就转化为对参数域上的网格的滤波光滑，在平面或是球面的参数域上，经典的信号处理技术或是图像的去噪方法都可以直接使用，光滑后的参数域上的网格再经 ϕ^{-1} 变换到原始的三维空间，可视化即得到光滑的三维模型。从数学角度出发，满足条件的映射 ϕ 是很多的。然而，由于二维流形曲面（三维模型表面）的复杂性，人们对是否存在最优的参数化方法的答案还是未知的。另外，使用此类方法进行三维模型的光滑，需要复杂的参数化和表面重采样过程，三维模型的参数化本身也是数字几何处理领域的一个难题。

另一类是非参数化的信号处理方法。三维模型不仅包含顶点的坐标信息，同时还包含了顶点的拓扑信息，从数字信号的角度，将三维模型定义为一个三维的几何信号，可以避免复杂的参数化过程，有利于数字信号处理技术的推广。有学者给出了明确的定义：n 个顶点的三维模型可以看作是一个无向图 $G-(V,E)$，其中图的节点就是三维模型的顶点，连接关系就是三维模型顶点之间的连接关系 ε。据此，可以将三维模型的顶点定义为图 G

上的一个三维信号 $V=(v_1, v_2, \cdots, v_n)^{\mathrm{T}}$。一般的，一个定义图 G 上的 d 维信号是一个 $d \times n$ 维的矩阵，其中的第 i 行是图中第 i 个节点的信号值。

基于以上对三维几何信号的定义，经典的小波变换和傅里叶变换被推广到了三维模型的处理中，光滑是其中的应用之一。特别是 Taubin 提出使用网格的拉普拉斯算子进行模型光滑引起了巨大的轰动，迅速成为数字几何处理领域的研究热点，并且相继出现了适用于各种不同类型网格曲面的改进的拉普拉斯算子。Taubin 还使用拉普拉斯算子的特征结构（特征值和特征向量）成功地将傅里叶变换推广到了三维网格曲面上。特征向量相当于傅里叶变换的基函数，特征值相当于傅里叶变换的频率值，将三维模型信号投影到特征向量空间中，经卷积滤波对其进行光滑。三维模型信号从空间域到频率域的变换可以用方程组 $Ax=b$ 来表示，其中 A 是特征向量组成的矩阵，b 是已知的三维模型信号，x 是待求的频域系数，频域系数的分布决定了信号在空间域的特征，也决定了卷积滤波器的设计。

2. 基于曲面理论的光滑算法

从曲面论的观点，三维模型表面的曲率变化均匀即为光滑的曲面。由于三维模型表面是一个离散的三角网格曲面，模型顶点的平均曲率与此顶点的一阶邻域信息相关，因此网格上的局部小扰动通常被认为是噪声，而具有一定的局部连贯性且表现为整体轮廓的信息视为特征，模型的光滑过程就是消除顶点扰动，获取新顶点位置的过程。根据光滑后模型新顶点位置产生方式的不同，可以分为以下两类方法。

一类是由顶点邻域信息直接产生新顶点位置。经典算法是拉普拉斯光滑算法，它使用顶点 1 阶邻域信息，迭代的更新每个顶点的位置以得到光滑的模型，这种方法易产生体积收缩、变形和过光滑现象。针对这些缺点，很多学者对此算法进行了改进，各种基于邻域信息的加权拉普拉斯算子用于克服不规则网格对新顶点位置的影响。除此之外，也可以通过增加一个衡量整个模型表面光滑程度的能量函数作为约束条件，通过优化此能量函数，来获得模型顶点的新位置，这种方法可以克服光滑过程中体积收缩、变形的问题。然而，直接利用顶点邻域信息预测新顶点位置的方法，不能明确的区分特征和噪声，对模型进行保特征的光滑时，需借助其他信息以确定特征点。

另一类是先对模型顶点的微分坐标进行光滑，然后再反求新顶点位置的方法。三维模型顶点的微分坐标是模型几何性质的直接反映，可以先光滑顶点的微分坐标，然后再从光滑的微分坐标中重建光滑的三维模型。此类方法能有效地克服使用顶点笛卡尔坐标光滑时带来的体积收缩，过光滑等问题。

三维模型光滑算法中常用的微分坐标有面法向量、曲率和拉普拉斯坐标。面法向量可以看作是模型表面的一阶微分量，很多图像中使用的光滑去噪方法可以用来对面法向量进行光滑，如均值滤波、中值滤波和双边滤波等一些经典的滤波方法都可以用来对面法向量进行滤波，然后通过滤波后的面法向量重建光滑的三维模型。相比模型顶点的笛卡尔坐标，面法向量对于噪声的影响更具有鲁棒性且计算简单。

曲率是模型表面的二阶微分量，极小曲面的充要条件是平均曲率处处为零，可以先对顶点的平均曲率进行光滑，然后根据光滑后的平均曲率重建网格模型的顶点坐标。基于曲率的光滑算法有很好的理论支持，然而在离散曲面上准确的估计曲率是件比较困难的任务，并且模型顶点坐标的重建是个非线性问题，求解时间长。

模型顶点拉普拉斯坐标和其平均曲率密切相关，离散的拉普拉斯-贝尔特拉米算子等于其法向平均曲率，拉普拉斯坐标不仅可以反映模型表面曲率变化的速度，还能反映变化的幅度，同时从三维模型计算其拉普拉斯坐标的过程是线性的，计算速度快。有学者将拉普拉斯坐标直接赋值为零，然后重建得到了光滑的三维模型。

3. 基于其他理论的光滑算法

热扩散理论和方法也应用到了三维模型光滑中，还有一些其他理论为基础的模型光滑算法。

除了根据光滑算法的理论依据对其进行分类外，还可以根据三维模型特征保持情况，将模型的光滑算法分为各向同性和各向异性 2 大类。各向同性的光滑算法不区分模型的几何特征和噪声，对三维模型的所有顶点的处理方式相同，仅是让模型表面变得更光滑，并不考虑模型细节特征的损失。拉普拉斯光滑算法是典型的各向同性算法，通过扩散几何噪声到整个模型曲面以得到光滑的模型表面，取得较好的光滑效果，然而这种算法随着迭代次数的增加，模型的体积会迅速收缩，并容易产生过光滑现象损失模型的细节特征。根据信号处理中的高斯滤波、均值滤波和中值滤波以及它们的组合，很多学者也提出了多种三维模型光滑方法。

为了在消除噪声的同时，更好保持三维模型的几何细节特征，很多学者提出了保特征的各向异性的光滑方法。主要思想是根据三维模型的几何特征，调整三维模型顶点移动的位置和速度，或是滤波的权重值，以达到保持模型几何特征的目的。Ohtake 等使用加权平均的方法对网格模型表面的法向量进行光滑，然后再根据光滑后的法向量移动网格模型的顶点，达到去除噪声并保持模型几何特征的目的。Shen 等利用模糊向量中值滤波的方法光滑法向量，得到了较好的效果。Hildebrandt 等推广了平均曲率流的方法，该算法使光滑后的网格曲面收敛到一个有预期曲率分布的网格曲面，能够很好地保持三维模型的非线性几何特征。

4.2.2　三维模型光滑算法的评价

对于三维模型光滑效果的评价，可以简单地用视觉效果进行评价，也可以定量的对其进行评价，常用的评价方法有以下几种。

1. 距离误差评价

距离误差评价方法使用光滑后模型的顶点与真实无噪声模型的最近三角面片之间的欧式距离来评价光滑算法的性能。若 M 表示无噪声的模型，M' 表示光滑后的模型，距离函数 $\mathrm{dist}(P',M)$ 是模型 M' 上的顶点 P' 到模型 M 的最近三角面片的欧式距离，距离误差可以用式（4.1）表示

$$\varepsilon_v = \frac{1}{3A(M')}\sum_{P'\in M'} A(P')\,\mathrm{dist}(P',M)^2 \tag{4.1}$$

式中：$A(P')$ 为以 P' 为顶点的所有三角面片的面积和；$A(M')$ 为模型 M' 的总面积。

2. 法向误差评价

法向误差评价是根据光滑后模型和无噪声模型的对应三角面片的法向量之间的距离来度量光滑算法性能的评价方法。若 M 表示无噪声的模型，M' 表示光滑后的模型，T' 是 M' 中的三角面片，T 是 M 中最靠近 T' 的三角面片，$n(T)$ 和 $n(T')$ 分别是三角面片 T

和 T' 的法向量，面法向量距离误差可以用式（4.2）表示

$$\varepsilon_f = \frac{1}{A(M')} \sum_{T' \in M'} A(T') \, |n(T) - n(T')|^2 \tag{4.2}$$

式中：$A(T')$ 为三角面片 T' 的面积。

3. 曲率误差评价

曲率误差评价使用无噪声模型和光滑后模型顶点的离散曲率信息来评价光滑算法的性能，可以用式（4.3）表示

$$C^v(P) = \sum_{i=1} |C_{v_i} - C'_{v_i}| \tag{4.3}$$

式中：$v_i(i=1,2,\cdots,n)$ 为模型顶点；C_{v_i} 为无噪声模型顶点 v_i 的离散曲率；C'_{v_i} 为光滑后模型顶点 v_i 的离散曲率。式（4.3）中使用的离散曲率可以是高斯曲率、平均曲率的绝对值或是两个主曲率的绝对值之和。

4. 混合评价

混合评价将距离误差、切向误差和曲率误差评价相结合，可以更精确地评价模型之间的几何误差，可以使用式（4.4）来表示

$$D(v) = f(v) + f'(v) + f''(v) \tag{4.4}$$

式中：$f(v) = Q^v(F)$ 为距离误差函数；$f'(v) = T^v(P)$ 为切向误差函数；$f''(v) = C^v(P)$ 为离散曲率误差函数。

4.2.3 相关光滑算法概述

第 3 章及第 4 章构建的光滑预处理算法是以信号理论及微分坐标为基础的，本节主要介绍与构建算法密切相关且进行对比实验使用的几个光滑算法。

1. 拉普拉斯光滑算法

拉普拉斯光滑算法是应用最广，最简单的三维模型光滑算法之一，其基本原理是对三维模型的顶点逐一的使用拉普拉斯算子，拉普拉斯算子定义为

$$\Delta = \nabla^2 = \frac{\partial^2}{\partial x^2} + \frac{\partial^2}{\partial y^2} + \frac{\partial^2}{\partial z^2} \tag{4.5}$$

设 $p_i = (x_i, y_i, z_i)$ 是三维模型的顶点坐标，则三维模型的光滑过程可看作是一个热扩散过程

$$\frac{\partial p_i}{\partial t} = \lambda L p_i \tag{4.6}$$

它将顶点 p_i 的噪声很快地扩散到其邻域中，使得整个模型表面变得光滑，扩散的速度由 λ 决定，可以表示为

$$p_i^{n+1} = 1 + \lambda \, \mathrm{d}t L p_i^n \tag{4.7}$$

直观的理解就是将网格顶点向其 1 阶邻域的几何中心移动，如图 4.9 所示。

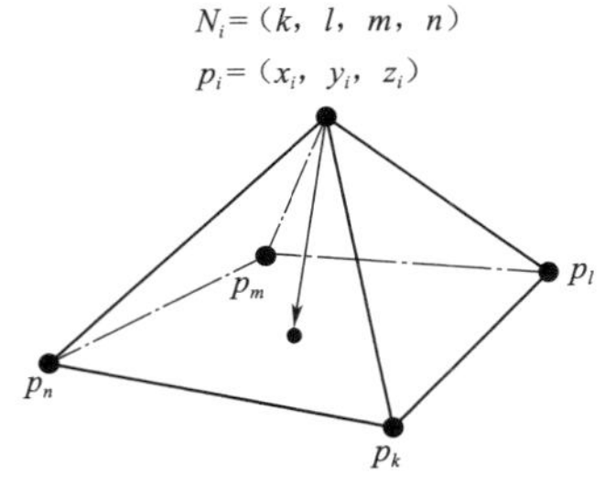

图 4.9 顶点的 1 阶邻域及其几何中心

三维模型新顶点的位置坐标更新公式为

$$v'_i \leftarrow v_i + \lambda \sum_{j \sim i} \left(\frac{v_j - v_i}{d_i} \right) \tag{4.8}$$

式中：λ 为一个小整数，决定步长。

这种方法快速、有效，迭代数次即可获得明显的光滑效果，但会引起体积收缩和模型变形的问题。很多学者对此算法进行了各种改进，其中 Taubin 的算法最为著名，他提出了一个几何信号的 $\lambda \mid \mu$ 滤波器，通过改变拉普拉斯光滑算法的步长和移动方向，减少光滑过程中模型体积的收缩，具体的迭代公式如下：

$$\begin{cases} p_i' \leftarrow p_i + \lambda \Delta p_i \\ p_i' \leftarrow p_i - \mu \Delta p_i, \ \lambda > \mu \end{cases} \tag{4.9}$$

直观理解就是顶点 p_i 向其邻域的几何中心正向移动，然后再逆向移动，逆向移动的步长小于正向移动的步长，以此来弥补拉普拉斯算法中体积收缩的问题，如图 4.10 所示。

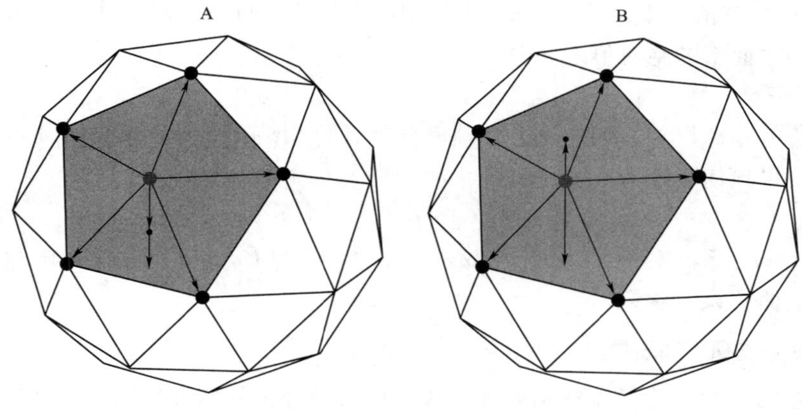

图 4.10　$\mu \mid \lambda$ 算法示意图

为了改善拉普拉斯算法使模型产生变形的问题，很多学者提出了各种加权方法，使用角度余弦加权近似顶点的法向平均曲率，权值 $w_{ij} = \cot\alpha_{ij} + \cot\beta_{ij}$，$\alpha_{ij}$ 和 β_{ij} 的位置如图 4.11 所示。

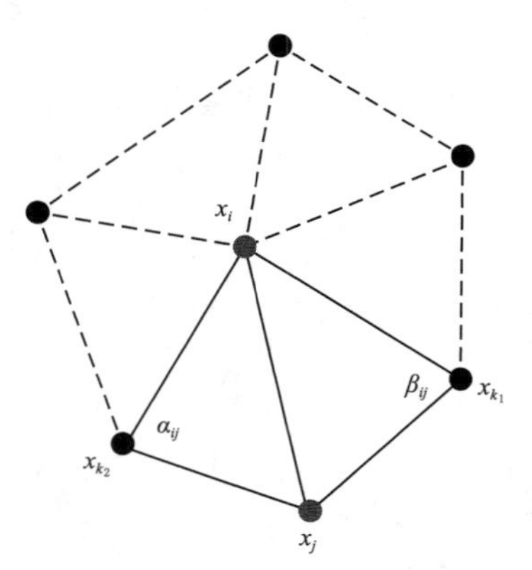

图 4.11　余弦加权角度示意图

加权拉普拉斯光滑算法中顶点的更新公式为

$$v_i \leftarrow v_i + \frac{1}{\sum_{j\sim i} w_{ij}} \sum_{j\sim i} w_{ij} v_j - v_i \tag{4.10}$$

改进的加权算法对不规则三角网格起到一种补偿作用，避免边长不等在光滑过程中引起的模型变形。

2. *平均曲率流光滑算法*

三维模型顶点的位移可以分解为法向和切向两个正交分量，根据极小曲面的充要条件：平均曲率处处为零。模型顶点沿法向量以平均曲率的速度移动能有效地使模型表面变得光滑并抑制变形，据此 Desbrun 等提出了新顶点的计算公式：

$$Mp_i = \kappa_H n_i = -\frac{\nabla A}{2A} = -\frac{1}{4A} \sum_j \cot\beta_{j-1} + \cot\gamma_j q_{ij} - p_i \tag{4.11}$$

平均曲率流光滑算法有着良好的理论基础，算法的效果取决于对模型顶点曲率的估计。

3. 面法向量的均值滤波算法

三维模型的面法向量均值滤波过程由以下 3 步完成。

（1）对每个三角面片 t_i 计算其面积加权的平均面法向量 $m(t_i)$。

$$mt_i = \frac{1}{\sum_{t_j \in t_i^*} At_i} \sum_{t_j \in t_i^*} At_j nt_j \tag{4.12}$$

（2）对此面法向量进行归一化

$$mt_i \leftarrow \frac{mt_i}{\|mt_i\|} \tag{4.13}$$

（3）模型顶点坐标的更新公式为

$$v_i \leftarrow v_i + \frac{1}{\sum_{t_j \in T_{v_i}^*} At_j} \sum_{t_j \in T_{v_i}^*} At_j \pi_i t_i \tag{4.14}$$

式中：$\pi_i(t_j)=\langle e_{ij}, m(t_j)\rangle m(t_j)$，$e_{ij}=c_j-v_i$ 是从顶点 v_i 到三角面片 t_j 中心的向量。根据内积的定义，向量 $\pi_i(t_j)$ 是向量 e_{ij} 在法向 t_j 上的投影。

4. 面法向量的中值滤波算法

对于三维模型的每个三角面片 $t_i \in T$，设 $n(t_i)$ 是面片 t_i 的法向量，$n(t_j)$ 是面片 t_j 的法向量，则 $n(t_i)$ 和 $n(t_j)$ 之间的夹角用 $\Theta_i=\theta_{ij} \angle nt_i$，$nt_j$：$t_j \in t_i^*$ 来表示，如图 4.12 所示。首先计算所有夹角 Θ_i 的中值：$\hat{q}_i=\text{median}(\Theta_i)=\angle[n(t_i), n(\hat{t}_j)]$，其中 $\hat{t}_j$ 是其面法向量与 t_i 的面法向量夹角等于中值角度 $\hat{\theta}_i$ 的三角面片，使用 $n(\hat{t}_j)/\|n(\hat{t}_j)\|$代替加权平均向量 $m(t_i)$。均值滤波和中值滤波算法的效果比 Laplacian 算法的效果好，但是这两种方法需要多次迭代才能达到稳定。

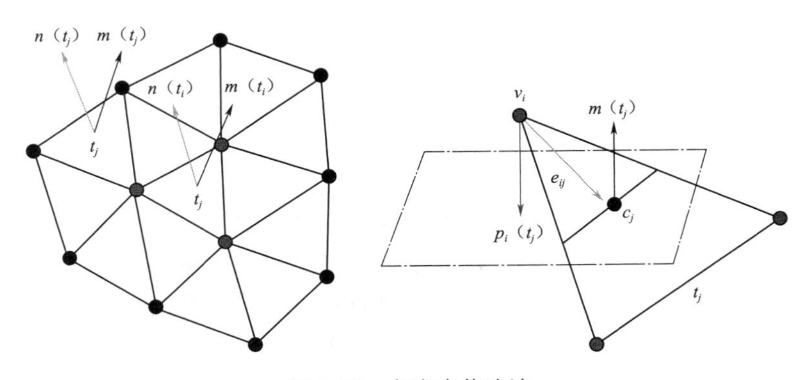

图 4.12 角度中值滤波

5. 双边滤波光滑算法

与中值滤波和均值滤波相似，三维模型的双边滤波算法也是由图像的双边滤波算法扩展而来的，顶点 v_i 的更新公式如下：

$$v_i \leftarrow v_i + n_i \left(\frac{\sum_{j\sim i} (w_{ij}^c w_{ij}^s) \langle n_i, v_i - v_j \rangle}{\sum_{j\sim i} w_{ij}^c w_{ij}^s} \right) \tag{4.15}$$

式中：n_i 为顶点法向量；w_{ij}^c 为参数为 σ_c 的标准的高斯滤波器，$w_{ij}^c = e^{-\|v_i - v_j\|^2 / 2\sigma_c^2}$；$w_{ij}^s$ 为一个保持特征的权重函数，参数为 σ_s，$w_{ij}^s = e^{-\langle n_i, v_i - v_j \rangle^2 / 2\sigma_s^2}$。

双边滤波是带参数的光滑算法，需要用户交互的设定参数 σ_c 和 σ_s。三维模型的几何形状特征会影响光滑的效果。

6. 各向异性扩散光滑算法

各向异性扩散是由离散的偏微分方程实现的：

$$v_t = \mathrm{div} g \, |\nabla v| \nabla v \tag{4.16}$$

式中：g 为柯西权重函数，$g(x) = \frac{1}{1+x^2/c^2}$；$c$ 为调整参数，需要人工设定。

算法可以直观地解释为：在三维模型表面平坦的区域，顶点的梯度值较小，式（4.16）简化为热扩散方程，对此区域光滑幅度较大，但光滑效果并不明显；在有尖锐几何特征的区域，梯度值较大，式（4.16）光滑幅度较小，这样能较好地保持模型的几何特征。在离散的形式下，各向异性扩散方法的顶点更新公式为

$$v_i \leftarrow v_i + \sum_{j\sim i} \frac{1}{\sqrt{d_i}} \left(\frac{v_j}{\sqrt{d_j}} - \frac{v_i}{\sqrt{d_i}} \right) g \, |\nabla v_i| + g \, |\nabla v_j| \tag{4.17}$$

其中

$$|\nabla v_i| = \left(\sum_{j\sim i} \| v_i / \sqrt{d_i} - v_j / \sqrt{d_j} \|^2 \right)^{1/2}$$

$$|\nabla v_j| = \left(\sum_{v_k \in v_j^*} \| v_j / \sqrt{d_i} - v_k / \sqrt{d_k} \|^2 \right)^{1/2}$$

需要注意的是这种算法对顶点的更新需要 2 阶邻域信息，如图 4.13 所示。

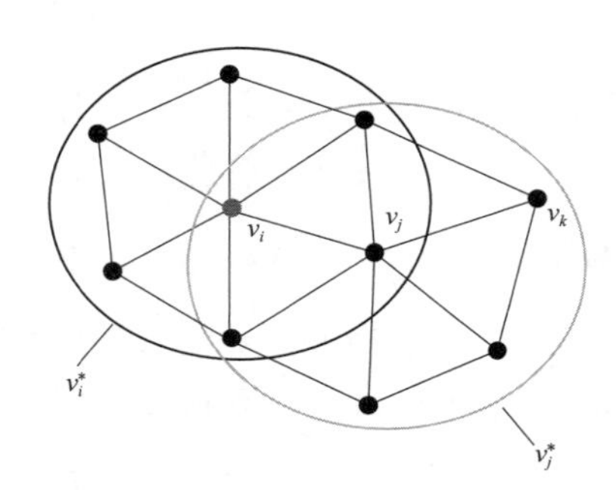

图 4.13　顶点的 2 阶邻域

4.3　形状描述符的提取技术

随着计算机图形学和数字媒体技术的发展，创造出了越来越多的三维模型，许多通用的和专业的三维模型库也相继出现了，如工程模型库（Engineering Shape Benchmark，ESB）、建筑模型库（Architecture Databases Benchmark）、普林斯顿大学建立的标准三维模型库（Princeton Shape Benchmark，PSB）、在线三维模型检索系统 CCCC（Content - based Classification of 3D model by Capturing spatial Characteristics）等，许多商业或非营利机构也提供了可供下载的三维模型库。大量模型库和在线检索系统的出现，使得三维模型检索技术受到了更多的关注，在基于内容的三维模型检索系统中，形状描述符的提取是其关键技术，一个理想的形状描述符必须是易于表达和计算，具有几何或拓扑不变性，并唯一的与一个三维模型相对应的，即不同的模型应该由不同的形状描述符所表示。三维

模型形状描述符的优劣直接决定了检索系统的效率。

经过十几年的研究和发展，很多学者从不同的角度出发，提出了多种形状描述符的提取方法，详细的关于三维模型形状描述符提取算法的介绍可以参见参考文献，根据形状描述符提取的核心思想，这些方法大致可以分为以下 4 类。

4.3.1 基于三维模型统计特性的提取算法

从统计学的观点出发，寻找有区分能力的统计特性作为模型的形状描述符是此类提取算法的核心思想。三维模型是由大量的点、线、面组成的，这些基本元素的位置、方向、角度等属性的不同，产生了不同的模型，因此可以用模型的点、线、面等特征的总体分布直方图来描述一个三维模型，并通过比较对应直方图之间的距离来确定模型的相似性。一个代表性的工作是 Osada 等提出的形状分布直方图，他们提出了 5 种形状函数的概率直方图（图 4.14），并通过计算两个分布直方图的距离来确定对应的三维模型的相似度。5 种形状函数如下。

*A*3：模型表面上任意三个随机点之间的夹角；

*D*1：模型质点到模型表面任意随机点之间的距离；

*D*2：模型表面上任意两个随机点之间的距离；

*D*3：模型表面上任意三个随机点之间的三角形面积的平方根；

*D*4：模型表面上任意四个随机点构成的四面体体积的三次方根。

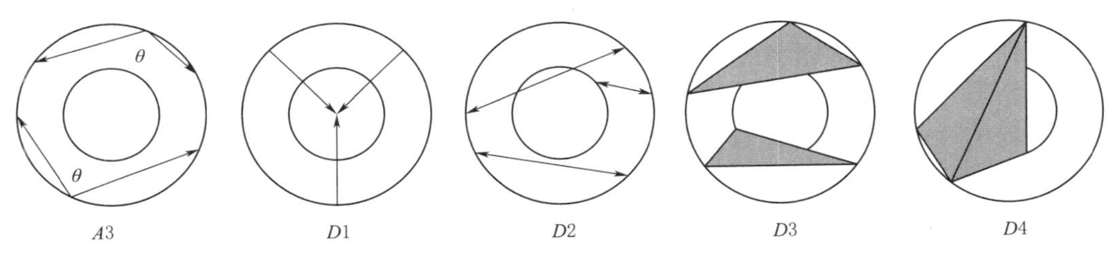

图 4.14　5 种形状函数示意图

Osada 等人的实验结果表明模型表面任意两点之间的距离函数（*D*2）的区分能力优于其他的形状函数。

Ankerst 等提出了另外三种统计直方图，首先将模型放置于一个球体中，然后使用三种不同的方法对球体进行分区：同心球分区、扇形分区和混合分区，如图 4.15 所示，通过计算每个分区里顶点的数量得到三维模型的统计直方图。该方法具有良好的抗噪声能力，但是由于这种方法使用了分区内顶点的个数作为统计量，因此对于网格的细分和简化较敏感。图 4.15（a）为同心球分区，这种方法得到的统计直方图具有旋转不变性；图 4.15（b）为扇形分区，这种方法得到的统计直方图具有缩放不变性；图 4.15（c）是同心球和扇形分区的混合，这种方法得到了更多的分区，因而能更好地、更细致地描绘三维模型的统计特征，但是这种方法不具备旋转不变性和缩放不变性。

Ion 等使用测地线距离得到了一个对模型关节不敏感的形状描述符。Funkhouser 等使用了球面谐波，将依赖于方向的形状描述符转变成一个旋转不变的形状描述符。Mokhtarian 等采用模型顶点的曲率作为统计量；Tangelder 等同时使用模型顶点的高斯曲

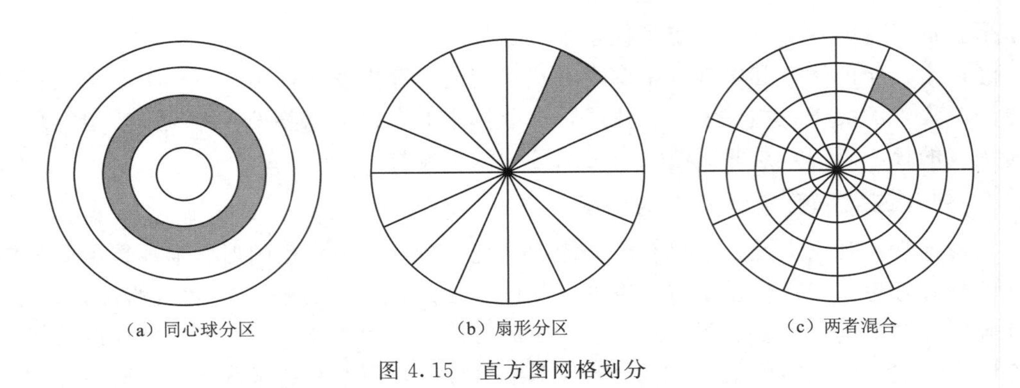
(a) 同心球分区　　(b) 扇形分区　　(c) 两者混合

图 4.15　直方图网格划分

率和法向量的变化率作为统计量；Zhang 等采用模型的体积和几何矩特征作为统计量；Ohbuchi 等在计算模型统计量前，先对三维模型进行顶点采样，以此来克服模型顶点数变化对模型统计直方图的影响。

模型统计特征的计算并不复杂，并且形状描述符的含义易于理解，但模型的统计特征是由随机抽样产生的，具有随机性，不能准确、稳定的反映模型的本质特征，不适合对三维模型进行局部匹配。

4.3.2　基于拓扑结构的提取算法

三维模型除了几何形状特征外，另一个重要特征是拓扑结构，它包括三维模型的分支、连通性等特性，使用拓扑结构作为模型的形状描述符进行检索，其优点是只要两个模型的拓扑结构相同，如同一个物体的不同形态，那么这两个模型就是相似的，缺点是对于形状相似的模型，因其拓扑结构不同而被认为是不相似的，如图 4.16 所示。目前，提取三维模型拓扑结构特征的方法主要有 Reeb 图和中轴线法。Reed 图是通过对模型连通区域的计算来获得模型的拓扑结构；中轴线法是通过细化算法提取模型的骨架信息来获得模型的拓扑结构。

(a)　(b)　(c)　(d)

图 4.16　拓扑结构相似性比较

注：(a) 和 (b) 形态不同，但拓扑结构相同；(c) 和 (d) 是同一类型的物体，但拓扑结构不同

Reeb 图实际上是 Morse 函数的一个实际应用，Reeb 图简单来说就是：设函数 f：$M \rightarrow R$ 是定义在紧流形 M 上的一个 Morse 函数，把 M 上具有相同函数值并且连通的区域

用一个节点表示，把节点相互连通后就得到了 Reeb 图。图 4.17 是 torus 模型的 Reeb 图，其中 Morse 函数是高度函数 $f(x,y,z)=z$。

三维模型 Reeb 图的形状取决于 Morse 函数的选择，不同的 Morse 函数会生成不同的 Reeb 图，Morse 函数的性质也决定了 Reeb 图的性质，Reeb 图方法的关键问题是寻找一种适合的函数。Hilaga 等使用测地线距离作为 MRG 函数获取模型的多分辨率拓扑结构，算法具有平移、旋转不变性，同时对于网格细分和简化也是稳定的。其他学者使用不同的 MRG 函数对模型进行拓扑信息的提取，也取得了较好的效果，但这些方法对于阈值的选择十分敏感，微小的阈值变化可能导致完全不同的拓扑结构，如图 4.18 所示。

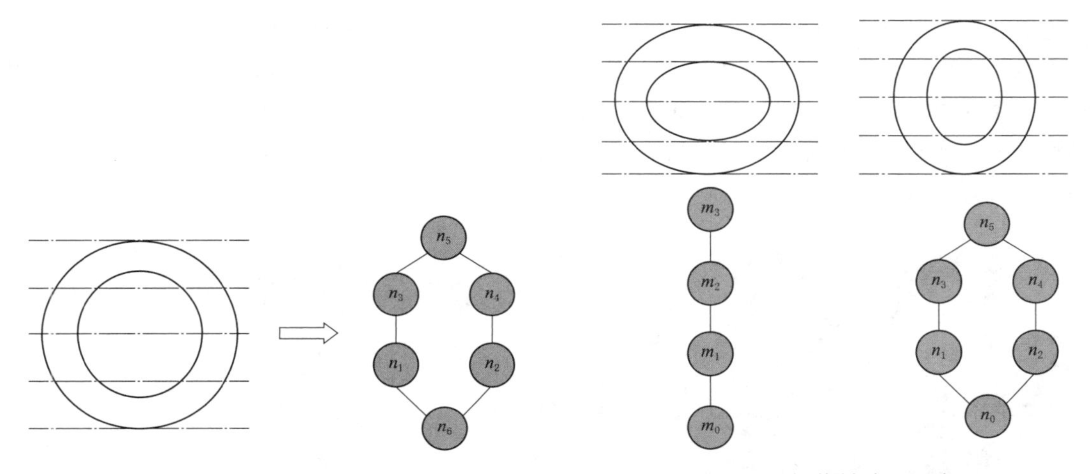

图 4.17　torus 模型的 Reeb 图　　　　图 4.18　阈值敏感性示意图

除了 Reed 图外，三维模型的骨架图也是重要的拓扑信息，骨架是对三维模型结构的一种抽象化描述，符合人类的认知特性，如图 4.19 所示。三维模型的骨架图具有几何不变性（旋转、缩放、平移不变），可以对模型进行局部和全局匹配。骨架模型更适合描述有关节的或分支的模型结构，但是骨架图的提取对模型的要求比较严格，对于退化的、非流形的网格模型不适合进行骨架提取。

图 4.19　三维模型及其骨架图

基于拓扑结构的三维模型形状描述符比较适合检索同类物种但不同姿态的模型，他们具有不同的几何形态，相同的拓扑结构，此类提取算法对模型的要求比较高，如连通性、非退化等要求，计算较复杂。

4.3.3　基于二维投影视图的提取算法

一般来说，如果两个三维模型从各个角度看上去都是相似的，则可以认为这两个三维模型是相似的，这一点也符合人类的视觉感知特性。利用这一特性，可以从多个角度对三维模型进行投影，然后比较这些投影视图的相似性来判断对应的三维模型的相似性。这类方法的主要思路是先把三维模型通过各种方式映射到平面或是球面上，进而利用图像检索的方法进行三维模型的检索。目前，已经有多种基于投影视图的形状描述符提取方法，最典型的是 Chen 等提出的光场描述符，使用一个包围球上正十二面体中的 20 个顶点为视角，获取了 20 个不同角度的投影视图，由于对称性，文中使用了 10 个视图组成了一个光场描述子，如图 4.20 所示，对其进行全排列，然后计算距离，最小距离作为 2 个三维模型之间的相似度。

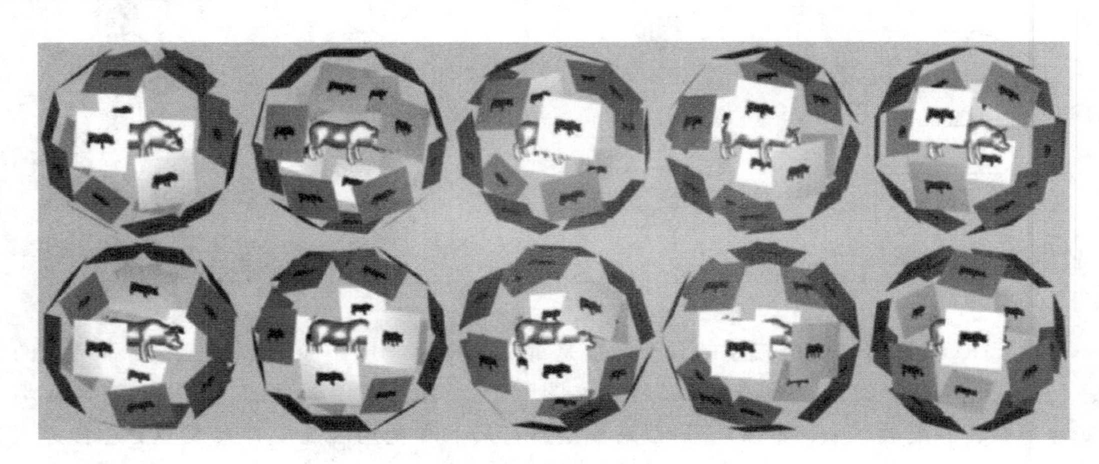

图 4.20　光场描述子

Heczko 等使用三维模型的 3 个主轴上的投影轮廓图作为模型的特征进行相似性比较，如图 4.21 所示，3 个主轴是 PCA 算法确定的三个主方向，具有几何不变性，这种算法的效率取决于 PCA 算法对模型主轴的确定。

图 4.21　三维模型 3 个主方向的轮廓图

Papadakis 等使用一组全景视图作为三维模型的形状描述符，将三维模型投影到圆柱体上，再将圆柱体展开，即得到其二维视图，然后使用傅里叶或小波变换提取每一个全景图的频率特征作为此三维模型的形状描述符。

相对于三维模型检索而言，二维图像检索发展时间较长，技术也较成熟，基于投影视图的形状描述符提取方式将复杂的三维模型相似性度量问题转化为相对简单的二维图像的相似性度量问题，降低了问题求解的难度，算法思想简单易于实现，检索性能较好。但是这种方法需要对每个三维模型提取多角度的投影视图，确定两个模型相似度要对所有的投影视图进行比对才能确定，计算量大，需要较大的存储和时间开销，检索的时间效率较低。

4.3.4 基于多特征融合的提取算法

多特征融合的方法，可以把三维模型的多种形状描述符融合成一个新的形状描述符，Vranic 将 3 个形状描述符：深度缓存、轮廓线和球面谐波描述符融合成一个新的形状描述符，称为 DESIRE，新的描述符比光场算子和球面谐波取得了更好的检索效果。Papadakis 提出了另一种形状描述符的融合方法，将二维深度缓存视图和三维球面谐波相融合。Leng 等将深度缓存和 GEDT 融合在一起形成了一个新的形状描述符，实验效果比 Papadakis 等提出的形状描述符的检索效果稍好。多特征融合的方法可以克服单一形状描述符对模型特征描述有限的缺点，融合后的形状描述符能更全面地反映模型的特性，但这种方法中融合方式和形状描述符种类的选取对检索效果有较大的影响。

4.4 三维模型的相似性匹配技术

在三维模型检索系统中，相似性匹配算法的改进能直接提高检索系统的效率，根据匹配过程的不同，可以分为以下 3 类。

4.4.1 基于向量空间的相似性匹配算法

在三维模型检索系统中，对模型进行形状描述符提取后，得到一个可以代表此三维模型的特征向量，模型之间的相似性是通过特征向量之间的相似性来确定的，因此在三维模型检索系统中最常用的匹配模型是向量空间模型。向量空间模型是以向量的形式来表示查询对象和待查询对象，通过计算向量的相似度来判断对象之间的相似度。向量空间模型只提供了一个理论框架，根据需要可以使用不同的相似性度量函数来获取更好的检索效果，两个向量间常使用距离函数作为度量函数，常用的有 Euclidean 距离、Manhattan 距离、Mahalanobis 距离、Minkowski 距离以及 Hausdorff 距离等。

若三维模型的特征空间为 $\Gamma=R^n$，任意两个三维模型的特征向量表示为 $X=(x_1,x_2,\cdots,x_n)^{\mathrm{T}}$ 和 $Y=(y_1,y_2,\cdots,y_n)^{\mathrm{T}}$，则上述距离公式如下。

Euclidean 距离：

$$D(X,Y)=\sqrt{\sum_{i=1}^{n}(x_i-y_i)^2} \tag{4.18}$$

Manhattan 距离：

$$D(X,Y)=\sum_{i=1}^{n}|x_i-y_i| \tag{4.19}$$

有时需要对于模型中某些特征格外关注或是结合相关反馈信息，可以使用加权距离的方式进行相似性比较，加权后的距离公式如下。

加权的 Euclidean 距离：

$$D(X,Y)=\sqrt{\sum_{i=1}^{n}w_i\cdot(x_i-y_i)^2} \tag{4.20}$$

加权的 Manhattan 距离：

$$D(X,Y)=\sum_{i=1}^{n}w_i\cdot|x_i-y_i| \tag{4.21}$$

式中：w_i 为不同特征的权值。

Hausdorff 距离通常用来比较不同大小的两个点集之间的相似性，定义为

$$D(X,Y)=\max_{1\leqslant i\leqslant n}\min_{1\leqslant j\leqslant n}d(x_i,y_i) \tag{4.22}$$

式中：$d(x_i,y_i)$ 为集合中两点的距离。

在实际应用中，一般使用两个向量的内积或夹角的余弦来计算两个向量之间的相似度，两者夹角越小说明相似度越高，两个向量 d_1 和 d_2 的夹角余弦为

$$\cos\theta=\frac{d_1\cdot d_2}{\|d_1\|\|d_2\|} \tag{4.23}$$

用特征向量之间的距离值作为相似度量值，原理简单，易于计算，然而检索效率有待提高。可以使用相关反馈方法，通过人工交互的方式来提高检索的查准率，这种方式需要用户的参与，且用户和检索系统频繁的信息传输过程会增加整个检索过程的时间开销。

通过计算两个三维模型对应的二维统计直方图间的距离值作为相似性度量值，具体的距离计算公式如下：

$$d=\frac{1}{n}\sum_{i=1}^{n}|H_i^{\text{search}}-H_i^{\text{match}}| \tag{4.24}$$

式中：$d\in[0,1],i=1,2,\cdots,n$；$H_i^{\text{search}}\in[0,1]$ 为查询模型的二维直方图；$H_i^{\text{match}}\in[0,1]$ 为模型特征库中的二维直方图；$H_i^{\text{search}}-H_i^{\text{match}}$ 越小表示两个模型越相似。此算法使用二次匹配的方法，实现由粗到精的模型匹配策略来提高检索算法的效率。

4.4.2　基于分类信息的相似性匹配算法

基于类别的检索已经被用于文本信息的检索与分类中，使用中心聚类的方法对文本信息进行自动分类，得到了较好的分类性能。随着三维模型检索算法的发展，基于分类信息的检索算法也用于提高三维模型的检索效率。Hou 等将基于支持向量机（support vector machine，SVM）的语义分类方法应用到三维模型的检索中，首先根据语义信息对模型进行检索，在检索结果中再根据形状特征做进一步的检索。Xu 等先将查询模型进行分类，然后使用加权的 Manhattan 距离将分类信息和欧式距离相结合对模型进行检索。Biasotti 等首先使用查询模型与每类模型的原型模型进行比较得到分类信息，然后将此分类信息用于三维模型的检索中。上述检索算法概括起来都是一种二次查询的方法，先对模型进行分类，然后在相关类别中再使用形状特征进行检索，分类信息缩小了检索的范围，能提高三

维模型检索系统的效率。

由于信息的相似性判断的不确定性和查询信息表示的模糊性，可以使用概率的方法解决这方面的问题。信息检索的概率模型基于概率排序原则：对于给定的用户查询 Q，对所有待查询信息计算概率，并从大到小进行排序，概率公式为：$P(P|D,Q)$，其中 R 表示数据库中信息 D 与用户查询 Q 相关，另外，用 R'表示数据库中的信息 D 与用户查询 Q 不相关，且 $P(P|D,Q)+P(R'|D,Q)=1$ 也就是用二值形式判断相似性。

4.5 三维模型检索系统的评价

检索系统的评价是指对信息检索系统进行评估的方法，从不同的角度考察检索系统的效率，有多种评价方法，以下介绍 4 种常用的评价方法。

1. 查准率和查全率

查准率（Precision）和查全率（Recall）是评价信息检索系统检索效果的重要指标之一，经常用于评价三维模型检索系统的效率。

查准率是衡量单次检索返回结果的精确性，表示为单次检索返回结果中相关模型个数与全部结果总数的百分比。设 α 为检出模型的总个数，β 为检索结果中正确模型的个数，则查准率 P 可定义为

$$P=\frac{\alpha}{\beta}\times 100\% \tag{4.25}$$

查全率是衡量单次检索返回正确结果的能力，表示为单次检索返回结果中相关模型个数占数据库中全部相关模型总数的百分比。设 γ 为数据库中全部相关模型的总数，β 为检索结果中相关模型的个数，则查全率 R 可定义为

$$R=\frac{\beta}{\gamma}\times 100\% \tag{4.26}$$

查准率和查全率是对单次检索结果的评价，要评价三维模型检索系统的性能，就必须进行多次检索，每一次检索都计算其查准率和查全率，并以此为坐标值，在平面直角坐标系中画出其对应的曲线（Precision - Recall Curve），这样就得到了检索系统的性能曲线，为检索系统的评价提供了依据。

2. F 值评价

F 值是平衡查准率和查全率的一个综合指标，是查准率和查全率的加权调和平均数

$$F=\frac{1}{\alpha\dfrac{1}{P}+(1-\alpha)\dfrac{1}{R}}=\frac{(\beta^2+1)PR}{\beta^2 P+R} \tag{4.27}$$

式中：$\beta^2=\dfrac{1-\alpha}{\alpha}(\alpha\in[0,1],\ \beta^2\in[0,\infty])$。

一般系统默认的 F 值对 P 和 R 使用相等的权值，$\alpha=\dfrac{1}{2}$，$\beta=1$，通常将此 F 值称为 F_1 或 $F_{\beta=1}$，此时 $F_{\beta=1}=\dfrac{2PR}{P+R}$。

权重值的选择并不是唯一的，当 $\beta<1$ 时，侧重查准率；当 $\beta>1$ 时，侧重查全率，F 值的取值范围也在 0 和 1 之间，通常与查准率—查全率一样，使用百分数来表示。

3. *第一层（FT）和第二层（ST）*

FT 和 ST 是用来评价检索系统的返回结果对用户心理预期的满足度，计算方法如下：

$$\text{FT}=[\text{前}(C-1)\text{个模型与其他检索同类的模型}]/C \tag{4.28}$$

$$\text{ST}=[\text{前 }2(C-1)\text{个模型与其他检索模型同类的模型}]/C \tag{4.29}$$

式中：C 为被检索模型所在类中的数量值，两个指标的理想值都为 100%，值越大说明检索效率越高。

4. *E-度量*

E-度量（E-Measure）将一定数量的查全率和查准率进行综合测量，其理想值为 100%，值越大说明检索效果越好，E-度量的计算公式如下：

$$E=\frac{2}{\dfrac{1}{precision}+\dfrac{1}{recall}} \tag{4.30}$$

4.6　亟待解决的问题

对于三维模型检索系统中的光滑预处理、形状描述符提取以及相似性匹配 3 种关键技术，很多学者进行了深入研究并取得了丰硕的成果，但还有一些问题亟待解决。

（1）将信号从空间域变换到频域，卷积滤波以消除噪声，这种基于信号处理的光滑去噪方法在一维音频和二维图像领域取得了巨大的成功，然而，三维模型是一个非均匀采样的信号，如何将信号处理领域中的有效方法推广到三维模型上，是计算机图形学和数字几何处理领域中的一个具有挑战性的课题。

（2）三维模型的微分坐标是刻画模型细节特征的强有力的工具，在保特征的光滑处理中能根据其微分坐标的特性确定特征点，然而模型的微分坐标很容易受到噪声的影响，产生大量的伪特征点，在无需人工交互的情况下，如何确定真正的特征点，去除伪特征点是个值得研究的问题。

（3）单一的形状描述符无法反映三维模型更多的特征，多特征融合技术可以将多种形状描述符融合成一个新的形状描述符，新的描述符能较全面地反映三维模型的特征，一般来说能取得较好的检索效果。然而，选取何种形状描述符以及融合技术能获得最好的检索效果，还有待于进一步的探索。

（4）相似性匹配算法效率的提高，是对三维模型检索系统效率的直接提高，检索系统的效率可以为分检索效率和时间效率。三维模型检索系统的检索效率通常由查全率和查准率来评价，在信息极大丰富的互联网时代，查准率对用户来说具有实际的应用意义，如何提高检索算法的查准率，对三维模型检索系统具有重要的实用价值。

（5）从整个三维模型检索过程来看，有两种时间开销，如图 4.22 所示，一种是离线时间，是指对模型进行预处理、形状描述符提取以及建立三维模型特征库的时间，离线时间对于用户来说是感受不到的；另一种是在线时间，是指用户提交检索模型后直到接收到查询结果的时间，在线时间就是用户等待检索结果的时间，提高检索系统的时间效率，主要是缩短在线时间。如何提高检索算法的时间效率是在线检索系统中值得关注的问题。

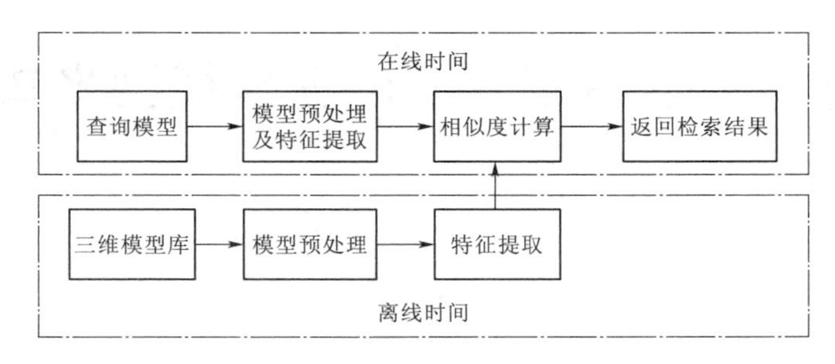

图 4.22 三维模型检索过程的时间开销

针对这些亟待解决的问题进行深入研究，提出相应的解决方法，本书第 3 章基于稀疏表示的三维模型光滑算法，通过对模型几何和拓扑结构的分析，构造的联合基稀疏字典，实现了非参数化的卷积滤波光滑算法；第 4 章基于微分坐标的光滑算法，使用 ℓ_1 范数约束实现了模型特征点的自动标注；第 5 章中基于多特征融合的形状描述符的提取算法，使用核函数将全局特征和局部特征相融合对三维模型进行更全面的描述；第 5 章中基于稀疏匹配的相似性度量算法，将相似度计算过程转化为二次锥规划的求解过程，提高了检索系统的查准率和时间效率。

4.7 本章小结

本章首先介绍了几个通用的三维模型检索系统，并给出了基于内容的三维模型检索系统的总体框架；然后对检索系统中的光滑预处理、形状描述符的提取以及相似性匹配 3 种关键技术进行了详细的分析，指出了亟待解决的问题，并说明了本书研究工作所解决的问题。

第 5 章　基于稀疏表示的三维模型光滑算法

5.1　引言

随着三维数据获取技术的发展，使用三维扫描仪等设备已经成为获取三维模型的有效手段，然而由于环境因素和测量误差，获取的三维模型不可避免的含有噪声，在三维模型检索过程中，噪声会影响模型形状描述符的提取，从而影响整个三维模型检索系统的效率。因此，在三维模型进行形状描述符提取前，对模型进行光滑预处理是一项必要的工作。

5.2　数字信号的稀疏表示

一个 n 维的向量 $b=[b_1, b_2, \cdots, b_n]^{\mathrm{T}}$ 可以看成是一个有 n 个采样点的一维离散信号，一个向量空间是由若干个基向量所张成的，同样的，信号空间也可由若干个基信号所张成。在向量空间中基向量的集合称为基底，信号空间中的基信号的集合称为字典。

给定一个信号 $b\in R^n$，它可以分解为若干基信号的线性组合，

$$b=\begin{bmatrix} a_{11} & \cdots & a_{1n} \\ a_{21} & \cdots & a_{2n} \\ \vdots & \cdots & \vdots \\ a_{n1} & \cdots & a_{nn} \end{bmatrix}\begin{bmatrix} x_1 \\ x_2 \\ \vdots \\ x_n \end{bmatrix}=Ax \tag{5.1}$$

式中：A 为字典；$x_i=\langle b, a_i\rangle (a_i\in R^n)$ 为信号 b 在字典 A 上的表示系数简称表示系数，字典中的每个基信号称为字典的一个原子，若字典中的原子是空间 R^n 的一组正交基，则表示系数 x 是唯一的，若字典中的原子数大于 n，则 $b=Ax$ 是一个欠定方程组，表示系数 x 不是唯一的，为了得到一个确定的解，需要增加相应的约束条件并从中找到一个最优解，由此可以定义一个一般的优化问题（P_J）：

$$(P_J): \min_x J(x) \quad \text{subject to} \quad b=Ax \tag{5.2}$$

约束条件 $J(x)$ 选择不同的函数，可以得到不同性质的最优解。当 $J(x)=\|x\|_0$ 时，最优解是其所有解中最稀疏的解，最优化问题（P_J）就变为（P_0）：

$$(P_0): \min_x \|x\|_0 \quad \text{subject to} \quad b=Ax \tag{5.3}$$

解此优化问题，就得到了信号 b 的最稀疏的表示系数 x。然而，解决优化问题（P_0）

是个 NP - hard 问题，Donoho 证明了矩阵 A 在满足 RIP 条件下，ℓ_0 约束可以使用 ℓ_1 约束来代替，同样能得到最稀疏解，由此优化问题（P_0）转化为（P_1）：

$$(P_1):\min_x \|x\|_1 \quad \text{subject to} \quad b=Ax \tag{5.4}$$

（P_1）是一个凸优化问题，可以通过线性优化的方法来解决。由（P_0）转变到（P_1），使得求解表示系数 x 的稀疏解成为可能。

在三维欧式空间中，有 n 个顶点的三维网格曲面 M 上的顶点坐标可以表示为 $v_i=(x_i,y_i,z_i)(v_i\in\nu,i=1,2,\cdots,n)$，那么网格曲面 M 的 X 坐标函数定义为

$$f_x:v_i\in v\mapsto x_i\in R \tag{5.5}$$

类似的，可以定义 Y 坐标函数

$$f_y:v_i\in v\mapsto y_i\in R \tag{5.6}$$

Z 坐标函数

$$f_z:v_i\in v\mapsto z_i\in R \tag{5.7}$$

网格曲面不仅包含顶点的坐标信息同时也包含顶点间的拓扑信息，因此网格曲面 M 又可以称为几何网格曲面 M，本书研究的三维模型是一个几何网格曲面 M。对几何网格曲面 M 进行光滑操作就相当于对定义在网格曲面 M 上的 3 个函数 f_x、f_y、f_z 进行光滑操作，这些操作通常使用一个线性算子来完成的，即 $f\mapsto Af$。但由于网格曲面 M 上的顶点数量较多，一般不会使用针对整个网格曲面的线性算子，而是更多的使用网格曲面的局部算子。一个局部算子 $W\in R^{n\times n}$ 需要满足当 $[v_i,\ v_j]\notin\varepsilon$ 时，$w_{ij}=0$，可以表示为 $Wf=\sum_{i\sim j}w_{ij}f$。局部算子 W 可以看作是对函数 f 的加权和，w_{ij} 是权值。

5.3 稀疏字典的构造及评价

信号变换是数字信号处理中的根本问题，其本质就是通过不同的角度去理解和认识信号，而信号处理是指对信号进行变换、分析、滤波等操作过程。在信号处理过程中，将数字信号处于一个特定的空间，即更有利于信号处理的空间，如频域、时域或小波域等空间，信号以另一种方式呈现，不仅较为稀疏并且能反映信号的本质特征，运用空间变换思想等价的在特定的空间中表示信号，在信号的处理过程中是一种有效的手段。常用的变换是将信号分解到一组标准正交基上，如单个信号可以表示为若干正弦或余弦信号的线性叠加。设 $x=(x_1,x_2,\cdots,x_n)^{\mathrm{T}}$ 是 R^n 空间中的一个信号，$A=[a_1|a_2|\cdots|a_3]$，其中 $a_i\in R^n$（$i=1,2,\cdots,n$）是 R^n 空间中的一组标准正交基，也可称之为字典，则信号 x 可表示为这组标准正交基的线性组合：

$$\begin{bmatrix}x_1\\x_2\\\vdots\\x_n\end{bmatrix}=[a_1,a_2,\cdots,a_n]\begin{bmatrix}\alpha_1\\\alpha_2\\\vdots\\\alpha_n\end{bmatrix} \tag{5.8}$$

用矩阵—向量形式表示为 $x=A\alpha$，其中 $\alpha=(\alpha_1,\alpha_2,\cdots,\alpha_n)^{\mathrm{T}}$ 是向量 $x=(x_1,x_2,\cdots,x_n)^{\mathrm{T}}$ 在 A 上的线性组合系数，即信号 x 在正交基 A 上的表示系数。α_i 可以通过将信号 x

在基 d_i 上的投影而获得，即 $\alpha_i=x^{\mathrm{T}}\cdot d_i(i=1,2,\cdots,n)$，如此就将信号 x 分解到了一组正交基 $A\in R^{n\times n}$ 上，可以方便地进行滤波、特征提取等操作，经处理后得到的 $\tilde{\alpha}=\{\tilde{\alpha}_1,\tilde{\alpha}_2,\cdots,\tilde{\alpha}_n\}$，根据方程 $\tilde{x}=A\tilde{\alpha}$ 还原得到处理后的信号 $\tilde{x}$，这类方法计算简单、易于理解，但是由于所选择的基是一组完备的正交基，方程组 $x=A\alpha(A\in R^{n\times n},x,\alpha\in R^n)$ 是一个正定的方程组，其未知数 $\alpha\in R^n$ 有唯一确定的解，这意味着对于一个给定的信号，只有一种分解方法，并且其表示系数 α 通常是稠密的，即其中含有的非零分量较多，这种表示方法并不利于后期对此信号的进一步处理工作。更好的信号表示方法是根据信号的特点，在一组更加冗余的基础上寻找特定信号的最佳表示系数，这组冗余的基称为过完备字典 D，如果 D 选择合适，那么信号 x 就可以用很少数量的基信号通过线性组合表示出来，即当 $D=[d_1,d_2,\cdots,d_p]\in R^{m\times p}$ $m<p$ 时，存在一个稀疏向量 $\beta\in R^p$ 使得 $x=D\beta$，如图 5.1 所示。使用过完备字典来表示数字信号，目的是从字典内冗余的基本信号中，找到一个包含最少数量的，能最有效地反映原始信号特征的子集，用其中元素的线性组合来近似的表示原始信号，线性组合系数就是原始信号在此过完备字典下的稀疏表示系数，信号的稀疏表示提供一种直接、简便的数字信号分析方法。

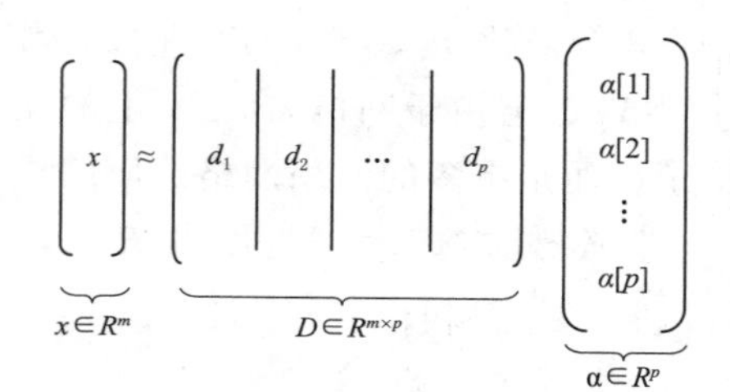

图 5.1　信号的稀疏表示

在数字信号的稀疏表示中，过完备字典的选择很重要，它直接决定了变换后表示系数的稀疏程度。三维模型可以看作是网格的拓扑信息加上顶点的坐标信息生成的，若要有效地表示三维模型，需要从拓扑信息和空间坐标信息两方面入手。三维模型的拉普拉斯算子反映了模型的拓扑信息，另外拉普拉斯基作为傅里叶基在二维流形上的推广，它描绘了三维模型作为一个三维的几何信号的整体特征，而小波变换作为描绘信号细节特征的一种手段，被广泛地应用于一维和二维信号中，使用拉普拉斯基和小波基构造一个过完备字典，它具有更强的表示能力，能全面地反映信号的本质特征，变换后经卷积滤波能得到更好的光滑效果。

5.3.1　一种融合几何和拓扑特征的联合稀疏字典的构造方法

字典的选择是决定信号稀疏表示有效性的重要因素之一。过完备字典或冗余字典在本书统称为稀疏字典，其意思是可以用于稀疏表示的字典，此稀疏字典并不是数学上的所谓的“稀疏矩阵”。稀疏字典的构造有三种方式：第一种是使用特殊的基函数如傅里叶变换的基函数、小波变换的基函数等合并在一起产生的联合基，对于相对简单的信号，这种方法能得到较好的稀疏效果。第二种是使用参数字典，即在某些可控参数下根据信号的性质生产的字典，字典中的原子是通过母函数根据输入参数进行平移、缩放和旋转后得到的函数基，如小波包。以上两种稀疏字典的构造方法，运算速度比较快，但对信号的稀疏化能力却受到了限制。第三种是通过学习产生字典，利用训练集通过机器学习的方法，产生一个适合特定范围信号的字典，这种方法的稀疏表示效果很好，但是字典的学习需要很多时间，不能适用于任意信号的稀疏化表示。字典学习的方法主要有最优方向算法（MOD）、奇异值分解法（K－SVD）及训练联合正交基字典法等。

本章将一些简单的字典如傅里叶变换基、小波变换基、离散余弦变换基等字典归并形成一个联合的字典，即所谓的“联合基”或者结构字典。联合基将不同性质的基合并在一起，增强了字典的表达能力。考虑到三维模型既有几何结构又有拓扑结构，本章选择使用小波基和拉普拉斯基合并成为联合基，作为三维模型的稀疏字典。

5.3.2 基于相干参数的稀疏字典评价

字典在数学上可以表示为一个矩阵的形式，在几何中，字典是空间上的一种框架；在代数中，字典是一个满秩矩阵。稀疏字典从代数的观点看是一个行满秩矩阵，因此稀疏字典的原子（矩阵中的列）之间是线性相关的，即有一定程度的相关性，这种相关性在稀疏表示理论中使用相干参数来衡量。在稀疏表示理论中，虽然要求原子之间要有一定的相关性，但稀疏字典的相干参数越小，字典的表示能力越强。

定义：设矩阵 $A_{m\times n}(m\ll n)$ 是一个稀疏字典，则字典 $A_{m\times n}$ 的相关参数 $\mu(A)$ 是指字典（矩阵）A 中两个不同的单位列向量内积的绝对值的最大值，其数学公式表示为

$$\mu(A)=\max_{1\leqslant k,j\leqslant n,k\neq j}\frac{|a_k^{\mathrm{T}}a_j|}{\|a_k\|_2\cdot\|a_j\|_2} \tag{5.9}$$

当一个字典的相干参数很小时，称为不相干字典，虽然在稀疏字典中，字典的原子间需要保持着一定的相关性，但是这种相关性并不是越大越好的，相关性越大，说明两个基信号之间越相似，对于过完备字典，若其相干参数过大，说明此过完备字典中所有基信号之间的相似度较高，一组相似度很高的基信号对于目标信号的表示能力是有限的，因此对于稀疏字典中的基信号，需要有一定的相关性及冗余度，但这种相关性又是越低越好，不相干字典对信号有更好的稀疏表示能力。

本章使用傅里叶变换基 F_D，小波变换基 W_D，离散余弦变换基 C_D，谱变换基 S_D，经组合得到 6 个不同的结构化的稀疏字典 $D_1=[F_D\quad W_D]$，$D_2=[F_D\quad C_D]$，$D_3=[F_D\quad S_D]$，$D_4=[W_D\quad C_D]$，$D_5=[W_D\quad S_D]$，$D_6=[C_D\quad S_D]$。使用相干参数比较和数值实验的方法，从理论和实验两方面说明本章选取的稀疏字典的有效性。分别对上述 6 个稀疏字典计算相干参数，相干参数最小的为最合适的稀疏字典，根据相干参数的计算式（3.9），各稀疏字典的相干参数值见表 5.1。

表 5.1　各稀疏字典的相干参数

字典类型	D_1	D_2	D_3	D_4	D_5	D_6
相干参数	1.6750	1.9239	2.0000	0.8990	0.8229	0.9619

由表 5.1 可知，字典 D_5 的相干参数值最小，因此 D_5 是所给出的 6 个字典中稀疏效果最好的字典。

设一个二维空间正方形的轮廓线顶点坐标为 $\mathbf{V}_{4\times 2}=\begin{bmatrix}1 & -1 & -1 & 1\\ 1 & 1 & -1 & -1\end{bmatrix}^{\mathrm{T}}$，以顶点坐标的 X 分量为例，使用上述 6 个稀疏字典分别对正方形轮廓线的 X 信号进行稀疏表示，其稀疏表示系数如图 5.2 所示。

图 5.2（a）中有 4 个非零值，图 5.2（b）中有 4 个非零值，图 5.2（c）中有 3 个非

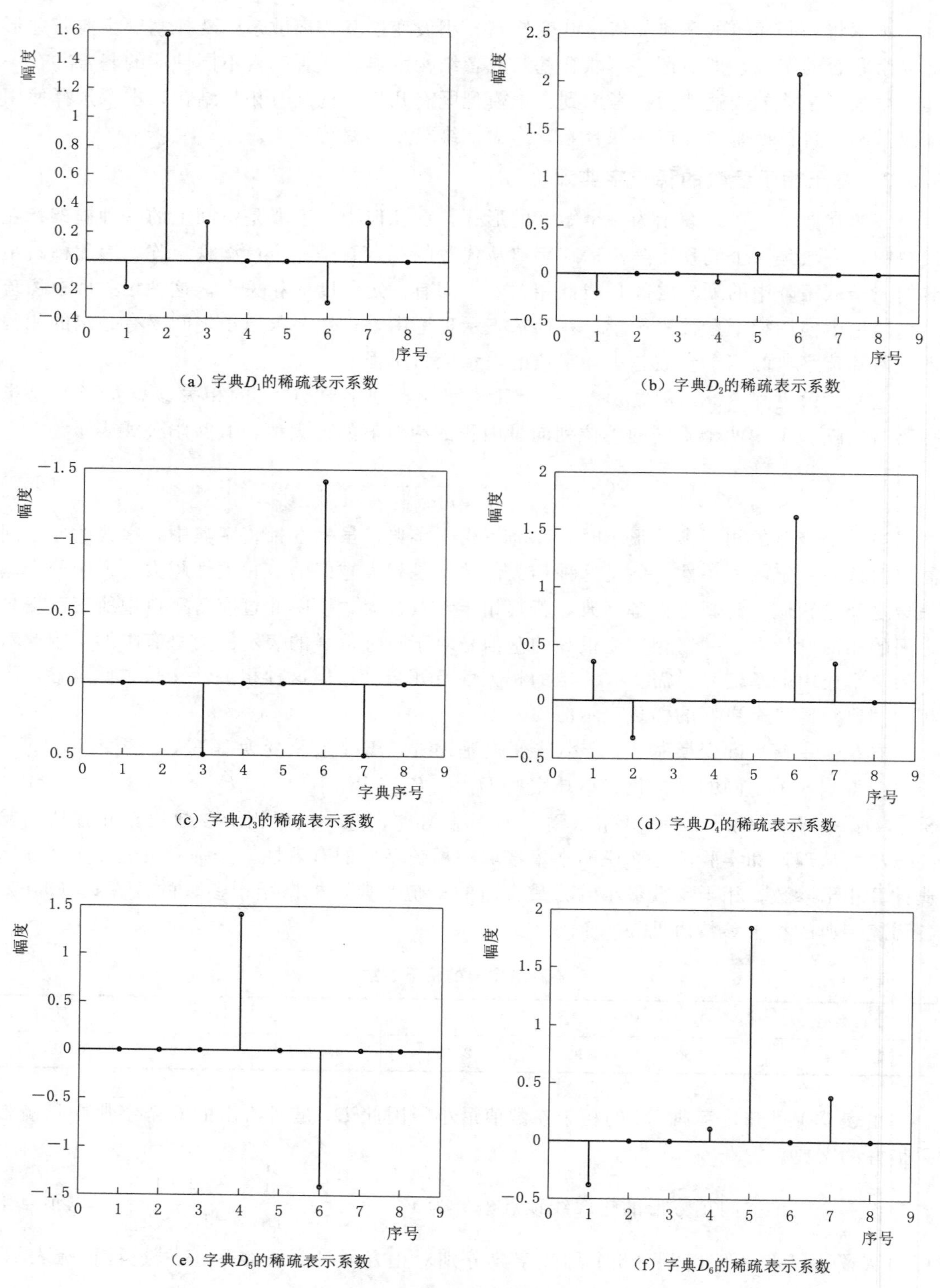

(a) 字典D_1的稀疏表示系数

(b) 字典D_2的稀疏表示系数

(c) 字典D_3的稀疏表示系数

(d) 字典D_4的稀疏表示系数

(e) 字典D_5的稀疏表示系数

(f) 字典D_6的稀疏表示系数

图 5.2　不同稀疏字典的表示系数

零值，图 5.2（d）中有 3 个非零值，图 5.2（e）中有 2 个非零值，图 5.2（f）中有 3 个非零值，由此可见，使用稀疏字典 D_5 对正方形轮廓线的稀疏表示效果最好。

5.4　基于联合字典构造的二维图形稀疏表示及光滑

5.4.1　二维几何信号的光滑算法

本节首先对二维几何信号进行稀疏表示，然后再推广至三维模型的稀疏表示。二维几何信号是由一条封闭的曲线形成的，离散情况下是由一条封闭的折线表示，如图 5.3（b）所示，二维海马轮廓线如图 5.3（a）所示。

轮廓线上顶点的坐标为（x_i，y_i）($i=1,2,\cdots,n$，n 是轮廓线顶点的个数)，表示成向量形式为 $V_{n\times 2}=[X,Y]$，X 表示轮廓线各顶点的 x 坐标分量，Y 表示轮廓线各顶点的 y 坐标分量，坐标分量 X 和 Y 可以看作单位圆上均匀采样得到的两个 n 维信号，如图 5.3（b）所示。

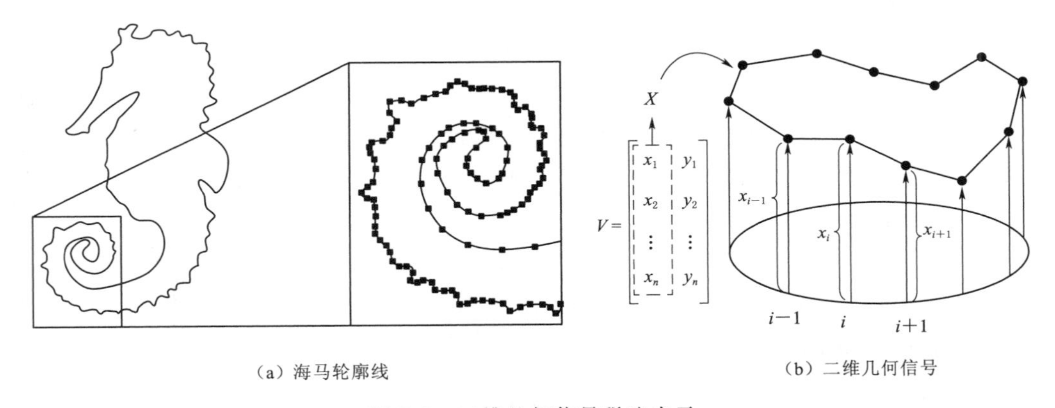

（a）海马轮廓线　　（b）二维几何信号

图 5.3　二维几何信号稀疏表示

通常，从信号处理的角度，认为噪声是高频信号，通过对二维轮廓线的稀疏化表示，将空间域中的信号转变为频域内的信号，再经过低通滤波器去除高频系数，滤波后的系数经过逆变换得到去除高频噪声后的空间域信号，即完成了信号光滑去噪过程，原始信号被光滑的程度取决于低通滤波器截止频率的设置。本节使用 3.3.1 节中构造的稀疏字典对海马的二维轮廓线信号进行稀疏表示及光滑，具体步骤如下：

（1）输入带噪声的原始二维海马轮廓线，并将其顶点坐标信息分离为两组一维信号 X 信号，Y 信号。

（2）根据各顶点的拓扑信息，生成此轮廓线的拉普拉斯矩阵 $L\in R^{n\times n}$，对此矩阵进行特征值和特征向量分解 $L=U\wedge U^{\mathrm{T}}$，得到特征向量矩阵 $U=[u_1\,|\,u_2\,|\cdots|\,u_n]$($u_i\in R^n$) 是 R^n 空间的一组基信号。

（3）使用 Gain 的方法，采用 DAU4 小波变换基作为基信号，小波变换基的矩阵为：

$$W=\begin{bmatrix} C_0 & C_1 & C_2 & C_3 & & & & & & \\ C_3 & -C_2 & C_1 & -C_0 & & & & & & \\ & C_0 & C_1 & C_2 & C_3 & & & & & \\ & C_3 & -C_2 & C_1 & -C_0 & & & & & \\ & & & & \ddots & & & & & \\ & & & & & C_0 & C_1 & C_2 & C_3 \\ & & & & & C_3 & -C_2 & C_1 & C_0 \\ C_2 & C_3 & & & & & & C_0 & C_1 \\ C_1 & -C_0 & & & & & & C_3 & -C_2 \end{bmatrix} \tag{5.10}$$

矩阵 W 中的第 i 列使用 w_i 来表示，则矩阵 W 可以写成 $W=[w_1|w_2|\cdots|w_n]$。

(4) 根据 5.3.2 节的讨论，使用小波基和拉普拉斯基的组合方式构造稀疏字典，为了让低频系数集中在频率坐标轴的前部，使用如下方式构造稀疏字典：

$$D=[u_1|w_1|u_2|w_2|\cdots|u_n|w_n]\in R^{n\times 2n} \tag{5.11}$$

(5) 根据信号稀疏表示理论，求解优化问题式 (5.12) 和式 (5.13) 得到 X 信号，Y 信号的稀疏表示系数 α 和 β。

$$\min_{\alpha}\|\alpha\|_1 \text{ subject to } D\alpha=X \tag{5.12}$$

$$\min_{\beta}\|\beta\|_1 \text{ subject to } D\beta=Y \tag{5.13}$$

(6) 分别对稀疏表示系数 α 和 β 滤波，去除高频较小的系数，截止频率设置为 $f_a=100$ 和 $f_b=100$。得到滤波后的系数 α' 和 β'，根据式 (5.14) 和式 (5.15) 重建轮廓线的顶点坐标信号 X' 和 Y'，并可视化。

$$X'=D\alpha' \tag{5.14}$$

$$Y'=D\beta' \tag{5.15}$$

5.4.2　实验结果分析

本节使用海马的轮廓线图形进行谱分解和稀疏表示，通过比较两者变换后的频域系数及重建效果说明本算法的有效性。本实验的计算机配置为 Intel CPU 主频 3.2GHz，内存 16G，测试平台是 Windows 7 操作系统，代码由 MATLAB 2012b 编写。

实验 1：对海马轮廓线的 X 坐标信号分别进行谱变换和稀疏表示，观察变换后频域系数的特征，为了提高可视化效果，只显示前 100 个系数，实验结果如图 5.4 所示。

从图 5.4 可以看出，原始的海马的 X 坐标信号是个稠密信号，经变换后的频域信号变得非常稀疏，其中使用本章算法得到的频域系数比谱方法得到频域系数更稀疏。

实验 2：分别使用不用数量的谱系数和稀疏表示系数重建海马轮廓线图形，实验效果如图 5.5 和图 5.6 所示。

从图 5.5 和图 5.6 可以看出，使用相同数量的系数进行重建，稀疏系数的重建效果明显要好于谱系数的重建效果，说明变换后的非零值的稀疏表示系数中包含了更多的信息。

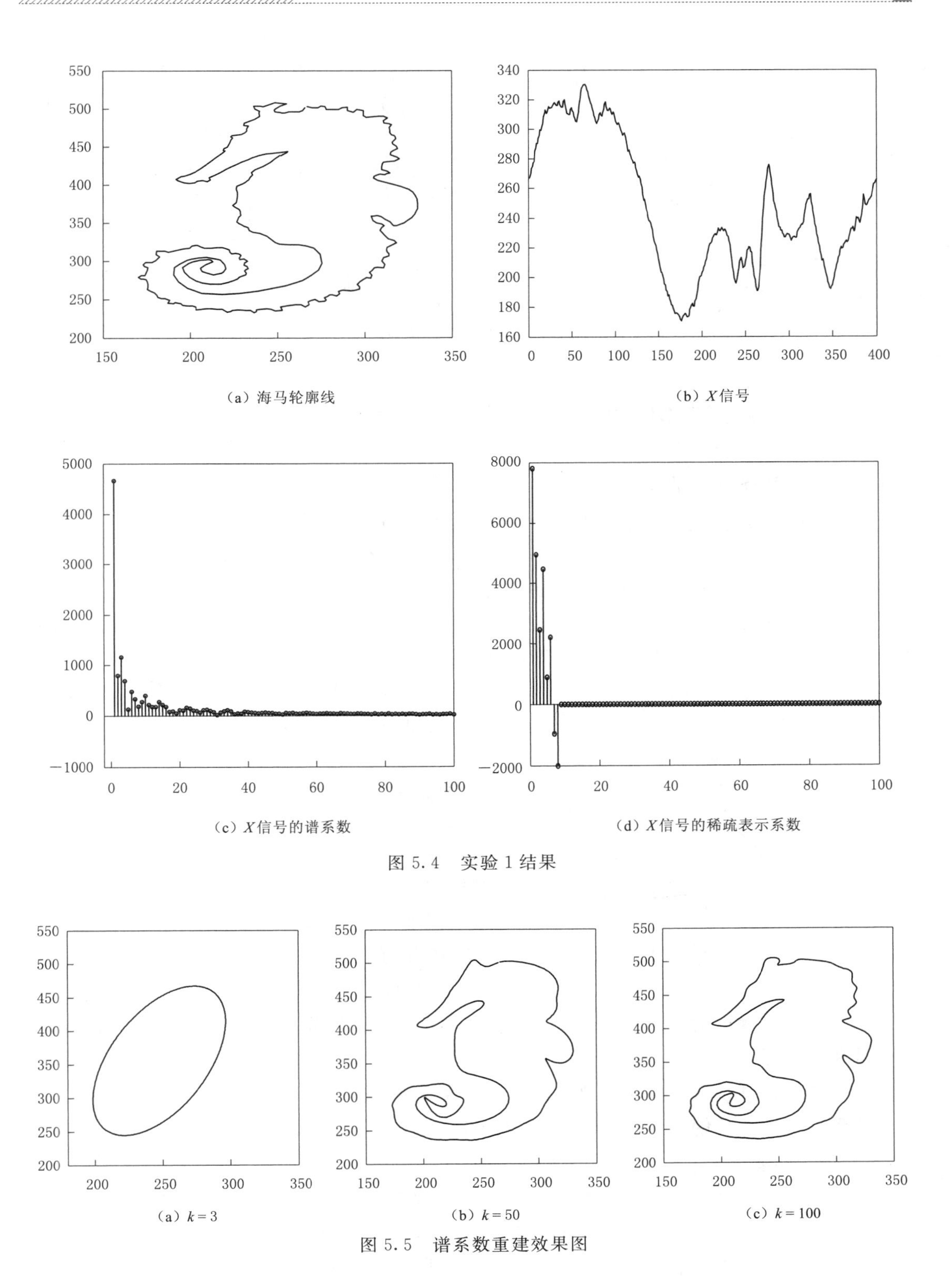

（a）海马轮廓线

（b）X信号

（c）X信号的谱系数

（d）X信号的稀疏表示系数

图 5.4　实验 1 结果

（a）$k=3$

（b）$k=50$

（c）$k=100$

图 5.5　谱系数重建效果图

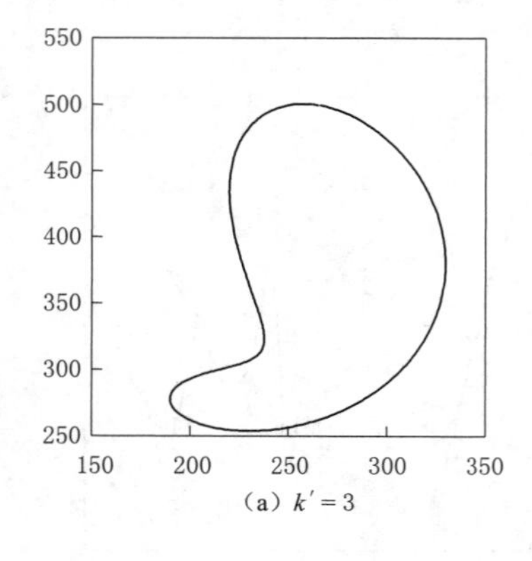

(a) $k'=3$

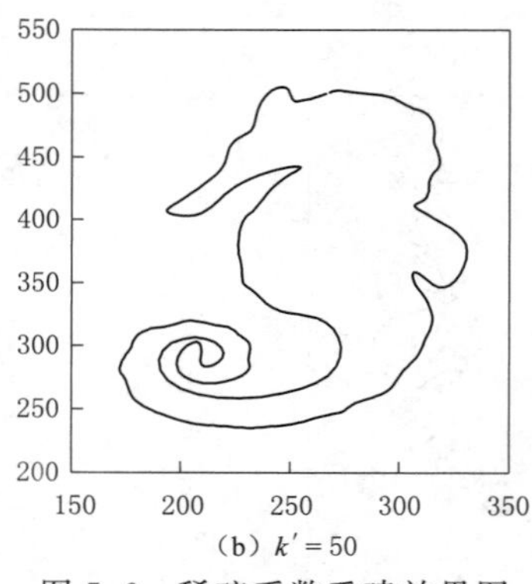

(b) $k'=50$

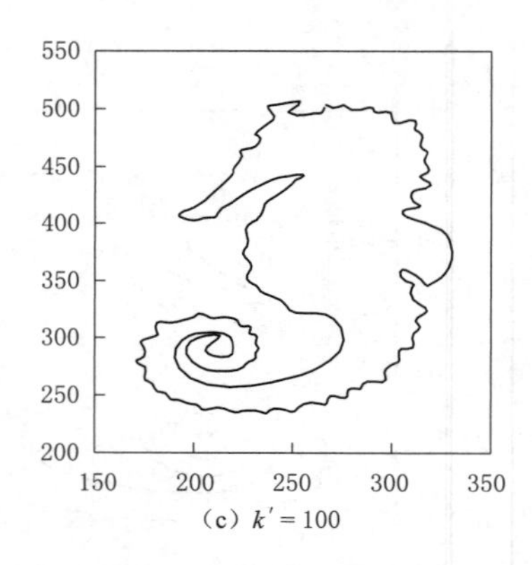

(c) $k'=100$

图 5.6　稀疏系数重建效果图

5.5　基于联合字典构造的三维模型稀疏表示及光滑

5.5.1　三维几何信号的光滑算法

5.4 节中分析了二维几何信号，本节在此基础上使用同样的方法分析三维模型。三维模型可以表示为 $M=\langle V,F\rangle$，其中 $V=p_i{}_{i=1}^{N}$ 是模型表面所有顶点的集合，$F=t_i{}_{i=1}^{T}$ 是三维模型所有三角面片的集合。顶点信息是由其笛卡儿坐标信息给出的，即 $p_i=(x_i,y_i,z_i)$，三角面片信息表示了模型顶点的连接信息，即拓扑信息。Taubin 将三维网格曲面定义为基于拓扑信息的一个三维几何信号，如图 5.7 所示。

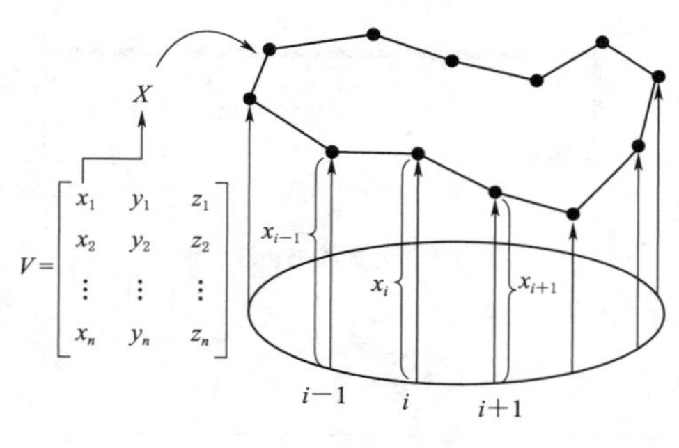

图 5.7　三维几何信号

将三维模型的顶点坐标信息看作是三组分离的一维信号 $V=[X\quad Y\quad Z]$，对模型的处理过程，就是对其顶点坐标函数 f_x，f_y 和 f_z 的处理过程，因此需要将信号处理技术分别应用于 X，Y，Z 这三组信号上，得到处理后的坐标信号 X'，Y'，Z' 最后根据拓扑信息重建三维模型。

三维模型可以视为一个三维的几何信号，是二维几何信号的在三维空间的推广，算法步骤大致相同，具体步骤如下：

(1) 输入带噪声的原始三维模型，并将其顶点坐标信息分离为三组一维信号 X 信号，Y 信号和 Z 信号。

(2) 根据模型顶点 1 阶邻域的拓扑信息，生成拉普拉斯矩阵 $L\in R^{n\times n}$，对此矩阵进行特征值和特征向量分解 $L=U\Lambda U^{\mathrm{T}}$，得到特征向量矩阵 $U=[u_1|u_2|\cdots|u_n]$($u_i\in R^n$) 是 R^n 空间的一组基函数。

(3) 使用 Gain 的方法，采用 DAU4 小波变换基作为另一组基函数，如式 (5.10)。矩阵 W 中的第 i 列用 w_i 来表示，则矩阵 W 可以写成 $W=[w_1|w_2|\cdots|w_n]$的形式。

(4) 根据 5.3.1 节的讨论，使用小波基和拉普拉斯基的组合方式构造稀疏字典，为了让低频系数集中在频率坐标轴的前部，使用如下方式构造稀疏字典：

$$D=[u_1|w_1|u_2|w_2|\cdots|u_n|w_n]\in R^{n\times 2n} \tag{5.16}$$

（5）根据信号稀疏表示理论，求解优化问题式（5.17）、式（5.18）和式（5.19）得到 X 信号，Y 信号和 Z 信号的稀疏表示系数向量 α、β 和 ψ。

$$\min_{\alpha}\|\alpha\|_1 \quad \text{subject to} \quad D\alpha=X \tag{5.17}$$

$$\min_{\beta}\|\beta\|_1 \quad \text{subject to} \quad D\beta=Y \tag{5.18}$$

$$\min_{\psi}\|\psi\|_1 \quad \text{subject to} \quad D\psi=Z \tag{5.19}$$

（6）分别对稀疏表示系数 α、β 和 ψ 滤波，得到滤波后的系数 α'、β'和 ψ'，根据式（5.20）、式（5.21）和式（5.22）重建轮廓线的顶点坐标信号 X'、Y'和 Z'，并可视化。

$$X'=D\alpha' \tag{5.20}$$

$$Y'=D\beta' \tag{5.21}$$

$$Z'=D\psi' \tag{5.22}$$

5.5.2　实验结果分析

本节使用 3 个实验来说明本算法的性能。

实验 1：对一个三维的兔子模型分别进行谱变换和稀疏表示，比较变换后的频域系数以及重建效果，以说明本章算法的有效性。实验条件同 5.4.2 节的实验条件，此模型取自 PSB 模型库，文件名为“m111. off”，模型有 1238 个顶点，变换后的频域系数如图 5.8 所示（以 X 信号为例）。

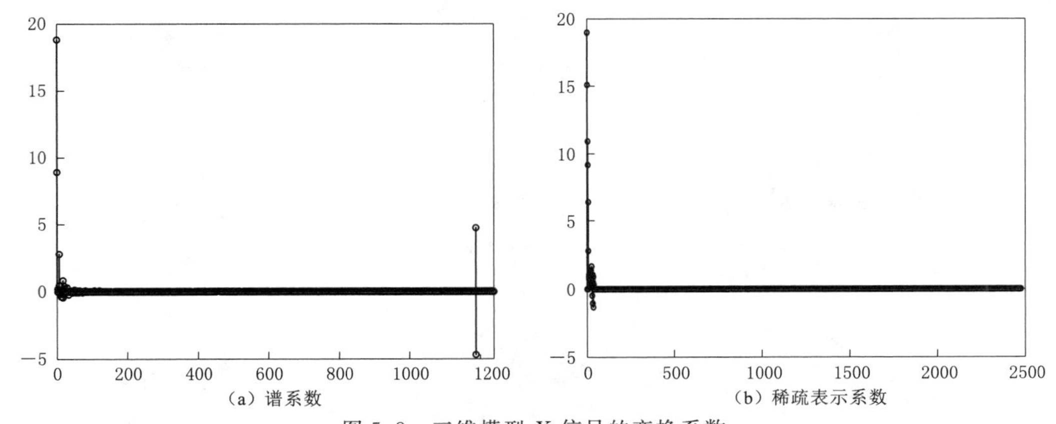

图 5.8　三维模型 X 信号的变换系数

通过图 5.8 可以看出，三维模型通过稀疏表示后，得到的表示系数更稀疏，并且系数之间的区分度更好，更有利于滤波器的设计。分别使用前 15 个和前 50 个谱系数和稀疏表示系数重建三维模型，效果如图 5.9 所示。

从图 5.9 可以看出，使用本章提出的稀疏表示方法，可以得到三维模型更稀疏的频域系数，在对模型进行光滑时，相对于谱方法，使用更少的系数能达到更好的光滑效果，且更少的损失模型的细节特征。

实验 2 和实验 3 分别使用拉普拉斯光滑、均值滤波、中值滤波和 Qin 的方法对含有噪声的 VenusBody 模型和 Horse 模型进行光滑（图 5.10），并分别使用欧式距离误差和

（a）原始噪声模型（添加高斯噪声，标准差为0.15×模型的平均边长）

（b）前15个谱系数重建效果

（c）前15个稀疏系数重建效果

（d）前50个谱系数重建效果

（e）前50个稀疏系数重建效果

图 5.9　重建效果图

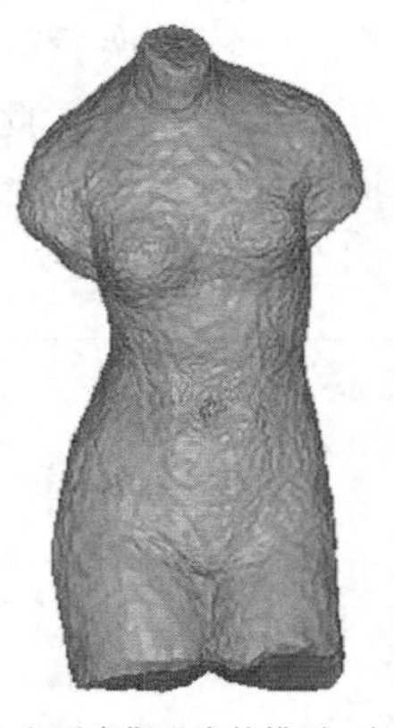

（a）加入了高斯噪声的模型（标准差为0.10倍×模型的平均边长）

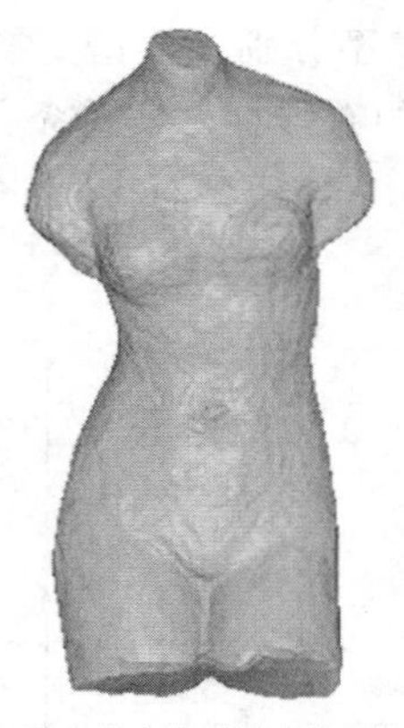

（b）法向量中值滤波光滑算法，迭代8次

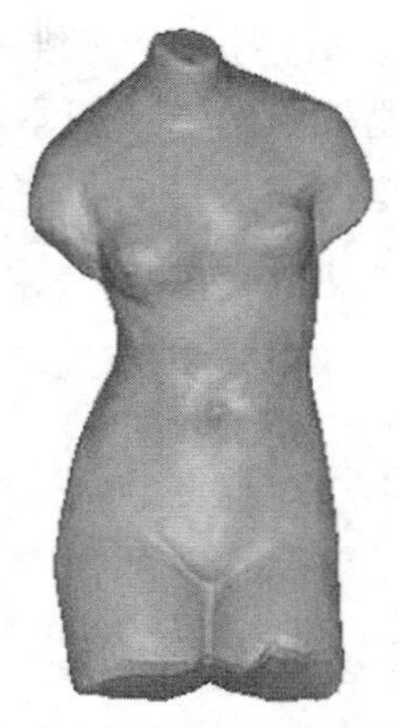

（c）法向量均值滤波光滑算法，迭代10次

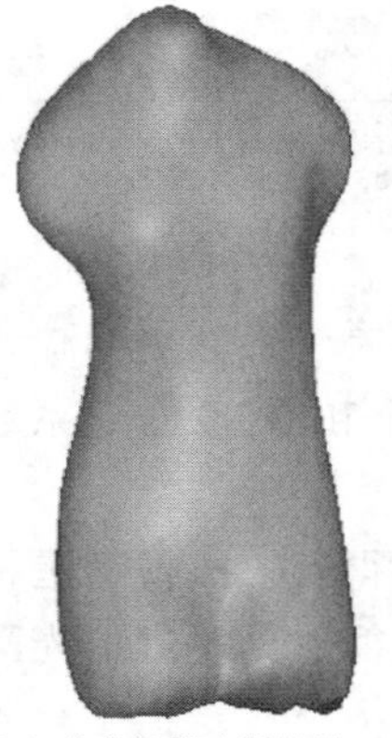

（d）拉普拉斯光滑算法，迭代10次

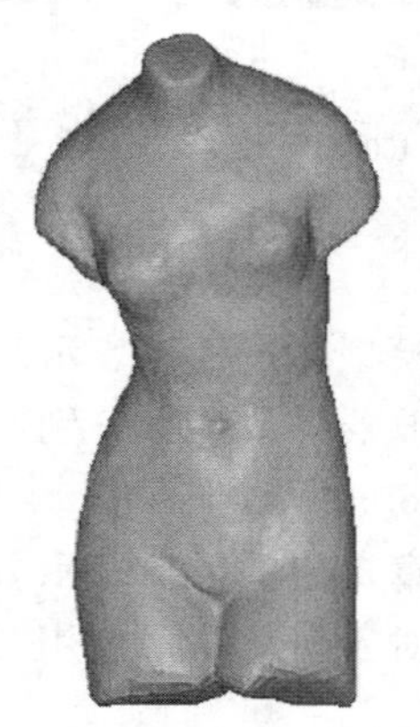

（e）本章提出的光滑算法，截止频率设置f=300

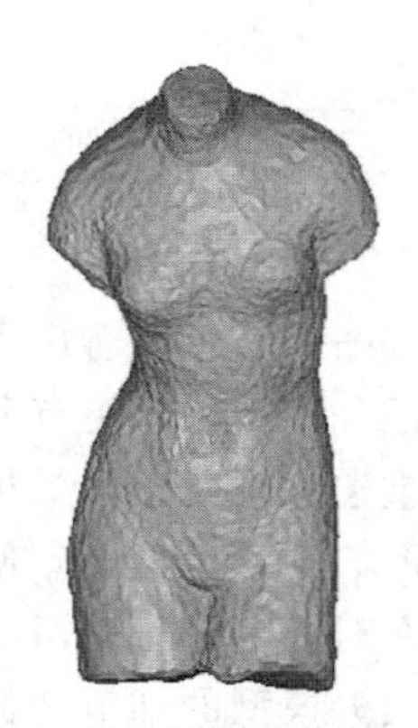

（f）Qin的光滑算法（n_1=10，T=0.6，n_2=30）

图 5.10　VenusBody 模型的光滑效果

法向量误差定量的评价实验结果，欧氏距离误差可以看作是两个模型之间的能量误差，用于衡量两个模型之间的相似性，法向量误差用来衡量两个模型之间光滑度的相似性。VenusBody 模型和 Horse 模型均取自互联网，VenusBody 模型有 771 个顶点，Horse 模型有 19851 个顶点。

从视觉效果上，拉普拉斯算法的光滑性能最好，但导致了模型体积的收缩，Qin 的光滑效果最差，本章算法的光滑效果最好，同时没有引起模型的形变。

使用模型的欧式距离误差和面法向量误差评价实验 2 中各种算法的光滑效果，如图 5.11 所示。从图 5.11（a）中可以看出，拉普拉斯光滑算法的误差最大，说明光滑后的模型变形最大，本章算法的误差最小，说明使用本章算法光滑后的模型与原始模型最相似；从图 5.11（b）中可以看出，Qin 的算法的法向量误差最大，说明其光滑效果最差，本章

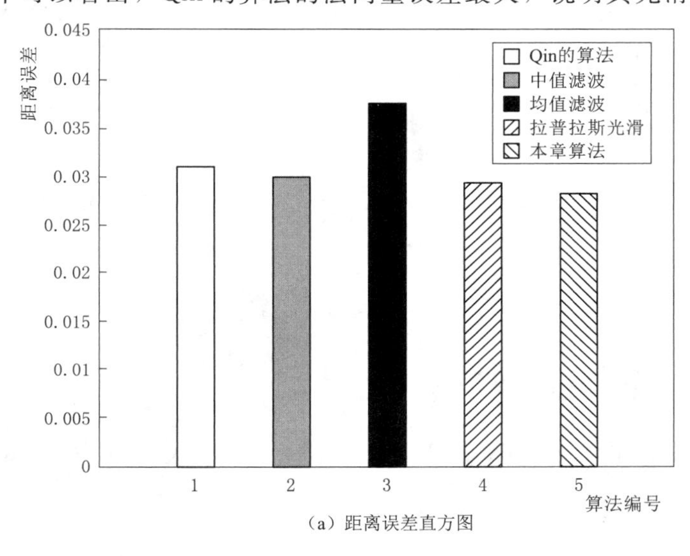

（a）距离误差直方图

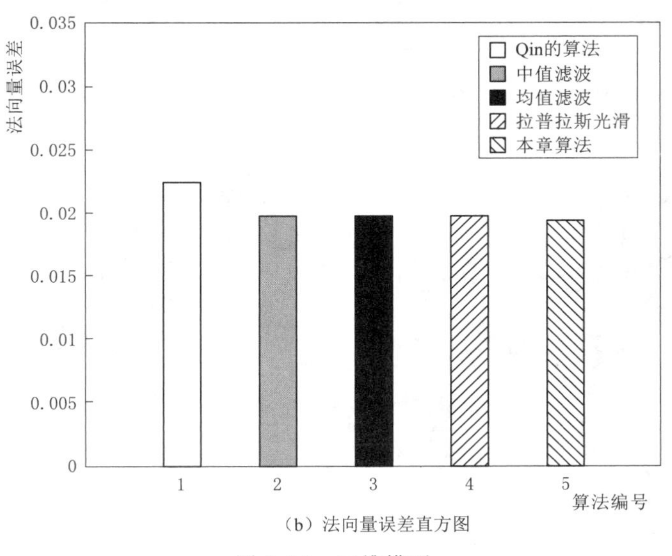

（b）法向量误差直方图

图 5.11　三维模型

算法的法向量误差最小，说明本章算法的光滑效果最好。

由图 5.12 的实验效果可知，本章算法具有较好的光滑效果，拉普拉斯光滑算法也取得了较好的光滑效果，但模型细节特征损失较多，Qin 的方法比以上两种方法的光滑效果稍差，面法向量的均值、中值滤波的光滑效果最差，这是因为加入的随机噪声的幅度较大，顶点位置发生了较大的漂移，对面法向量的计算产生了较大的影响。本章算法和拉普

（a）加入了随机噪声的模型，最大幅度为平均边长的0.15倍

（b）法向量中值滤波光滑算法，迭代10次

（c）法向量均值滤波光滑算法，迭代10次

（d）拉普拉斯光滑算法，迭代10次

（e）本章提出的光滑算法，截止频率为2000

（f）Qin的光滑算法（n_1=12, T=0.6, n_2=25）

图 5.12　Horse 模型的光滑效果

拉斯光滑算法较稳定，对于噪声的幅度变化较鲁棒。

分别使用三维模型的距离误差和法向量误差对实验 3 中的各种光滑算法进行评价，如图 5.13 所示。

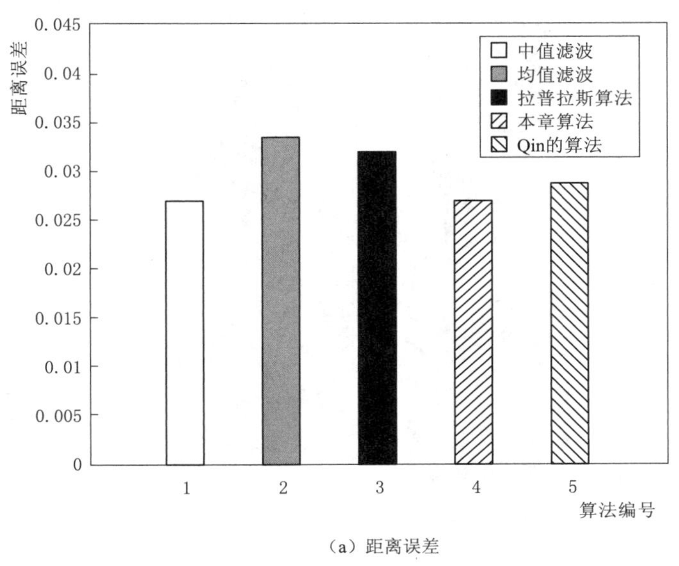

(a) 距离误差

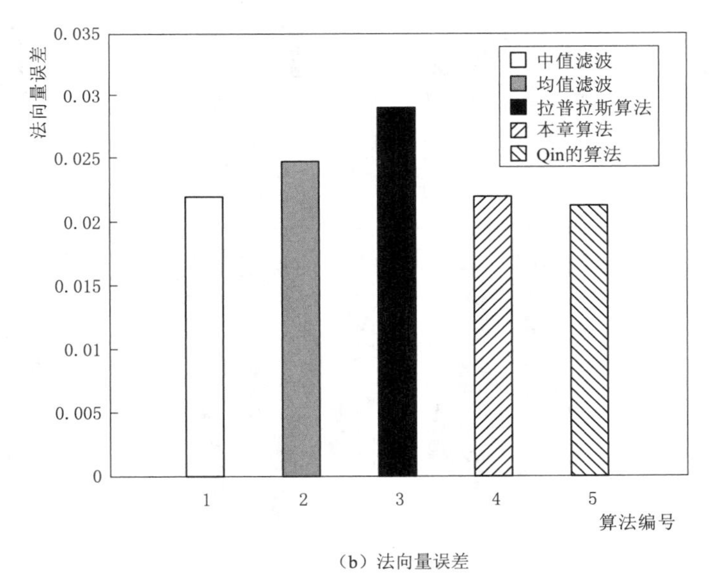

(b) 法向量误差

图 5.13 各光滑算法的误差直方图

从图 5.13 中可以看出，法向量的均值滤波和中值滤波的误差都比较大，另外三种算法的误差值相对较小，本章算法的距离误差最小，并且法向量误差接近最小，这说明本章算法在获得更好的光滑效果的同时能保持模型较高的相似度。

本章算法应用于兵马俑碎片三维模型的光滑中，特别是对兵马俑的腿部、胳膊等表面较平滑碎片的光滑效果较好，部分碎片的光滑效果见表 5.2。

表 5.2　　部分兵马俑碎片三维模型光滑效果

原始模型	光滑后模型	原始模型	光滑后模型
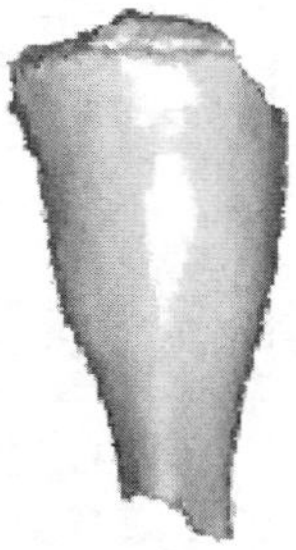	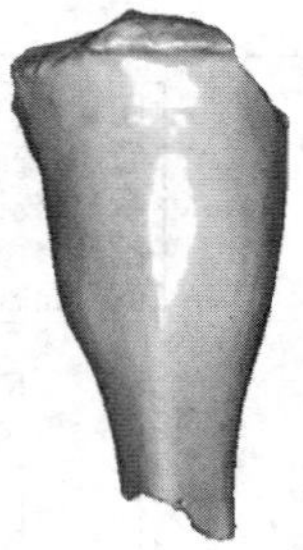	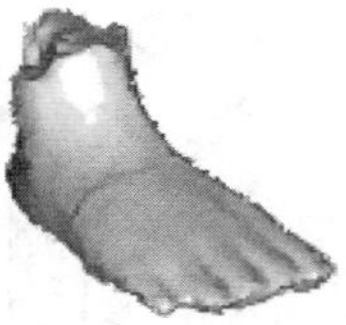	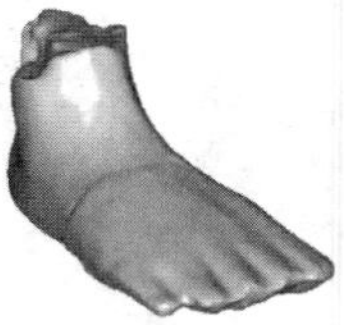
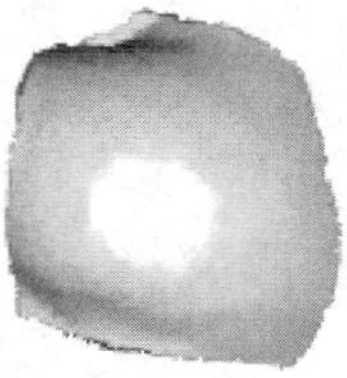	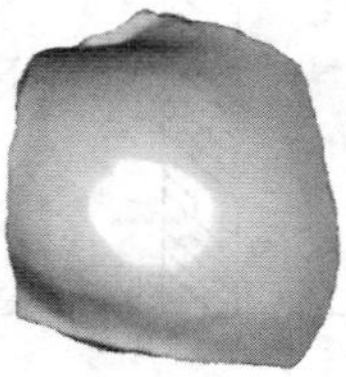		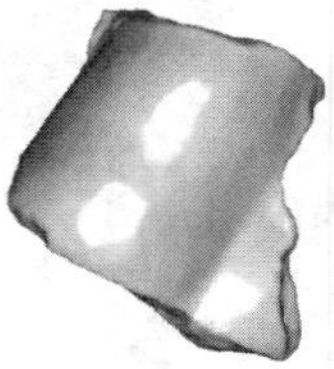
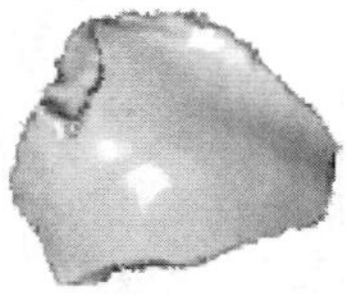	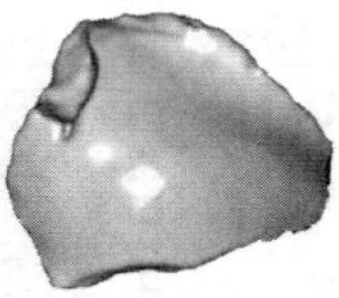	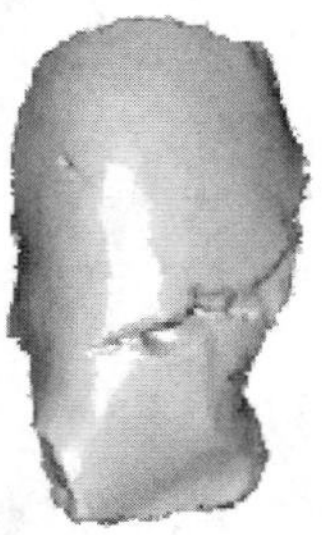	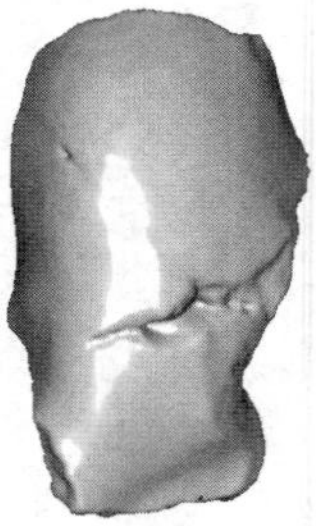
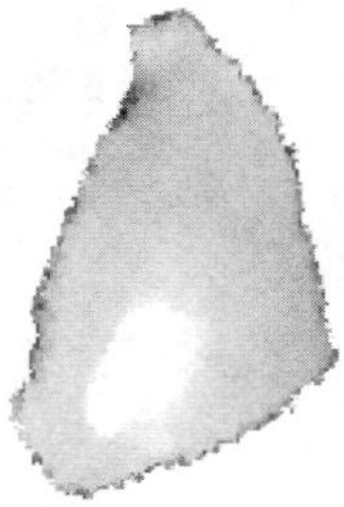	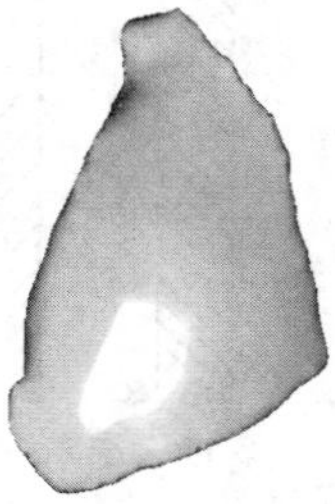	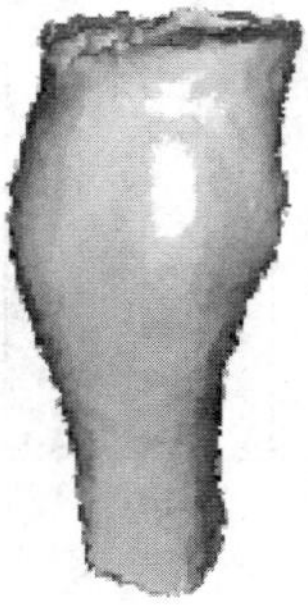	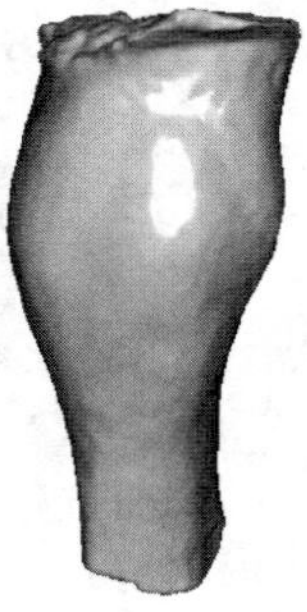
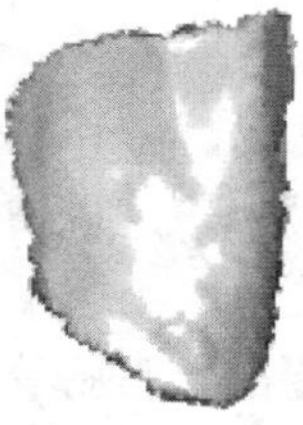	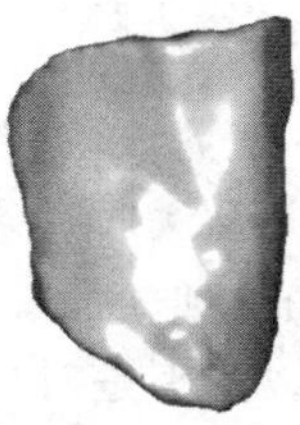	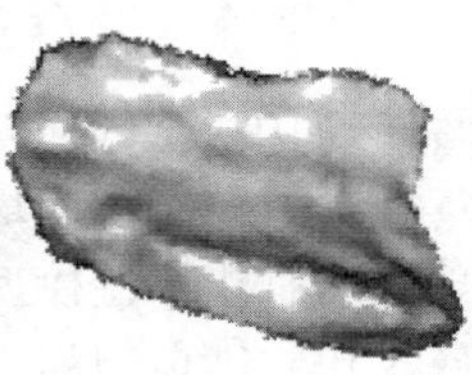	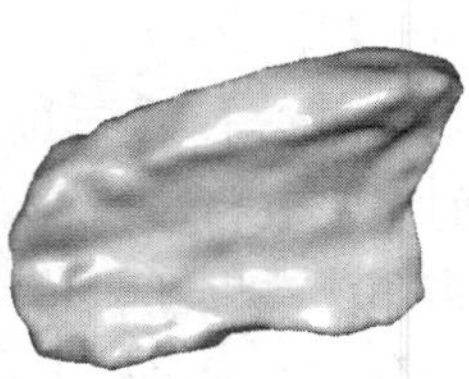

5.6 本章小结

本章将信号处理领域中的稀疏表示技术推广到三维模型上，建立基于稀疏表示的三维模型整体处理框架。首先对二维轮廓线进行了分析，并构造了一个稀疏字典用于此二维几何信号的稀疏表示，然后将该算法推广到三维模型上，使用联合基的方法构造了一个非自适应字典，同时包含了模型的全局特征和局部特征，获得了更稀疏的频域表示系数，能反映三维模型信号更本质的频域信息，经卷积滤波，光滑后的模型细节部分损失更少。相干参数值从理论上说明了本章所构造的稀疏字典的有效性，对比实验也说明了此算法的有效性。将本章提出的算法应用于兵马俑碎片三维模型光滑处理中，对腿部、胳膊等较平滑的碎片取得了较好光滑效果。

需要指出的是，本算法适合对模型做粗略的光滑以去除大噪声对模型的影响，在本书的第 4 章提出的基于微分坐标的光滑算法是一种保特征的光滑算法，能对模型进行细致的光滑处理，并在光滑的同时能保持三维模型的几何细节特征。

第 6 章　基于微分坐标的三维模型光滑算法

6.1　引言

三维模型经初步光滑后，去除了模型中包含的大部分噪声，但还没有达到可直接编辑、使用的质量要求，而且基于局部特征的形状描述符的提取，也需要进一步提高模型光滑的质量，为了满足检索用户的使用需求及保证形状描述符的提取质量，对三维模型做进一步的保特征的光滑是十分必要的。

6.2　离散网格曲面的拉普拉斯算子

拉普拉斯算子在计算机图形学领域中的应用十分广泛，拉普拉斯算子是 n 维欧式空间的一个二阶微分算子，定义为梯度的散度。如果函数 f 是二阶可微的实函数，则函数 f 的拉普拉斯算子定义为：$\Delta f=\nabla^2 f=\nabla\cdot\nabla f$。更具体一点，函数 f 的拉普拉斯算子是其在笛卡尔坐标系 x_i 中所有非混合二阶偏导数的和，即 $\Delta f=\sum_{i=1}^{n}\frac{\partial^2 f}{\partial x_i^2}$。

三维离散网格曲面的拉普拉斯算子可由二维离散网格平面的拉普拉斯算子推广而得，设平面网格上的函数 $f(v_i)=f(x_i,y_i)$，根据公式 $\Delta f=\sum_{i=1}^{n}\frac{\partial^2 f}{\partial x_i^2}$，顶点 v_i 的离散拉普拉斯算子表示为

$$\begin{aligned}\Delta f(v_i)=\Delta f(x_i,y_i)&=\frac{\partial^2 f(v_i)}{\partial x_i^2}+\frac{\partial^2 f(v_i)}{\partial y_i^2}\\&=\left\{\left[\frac{f(x_i,y_i)-f(x_{i-1},y_i)}{h}\right]-\left[\frac{f(x_{i+1}-y_i)-f(x_i-y_i)}{h}\right]\right\}+\\&\quad\left\{\left[\frac{f(x_i,y_i)-f(x_i,y_{i-1})}{h}\right]-\left[\frac{f(x_i,y_{i+1})-f(x_i,y_i)}{h}\right]\right\}\end{aligned}\tag{6.1}$$

上式可以简化为

$$\begin{aligned}\Delta f(x_i,y_i)&=4f(x_i,y_i)-[f(x_{i-1},y_i)+f(x_{i+1},y_i)+f(x_i,y_{i-1})+f(x_i,y_{i+1})]\\&=|d_i|f(v_i)-\sum_{j\sim i}f(v_j)\end{aligned}\tag{6.2}$$

式中：$|d_i|$ 为顶点 v_i 的 1 阶邻接点的个数，标准化后得到（图 6.1）

$$\Delta f(v_i)=f(v_i)-\frac{1}{|d_i|}\sum_{j\sim i}f(v_j)\tag{6.3}$$

将平面网格拉普拉斯算子标准化后的公式推广到三角网格曲面上

$$\Delta v_i = v_i - \frac{1}{|d_i|}\sum_{j\sim i} v_j = \sum_{j\sim i}\frac{1}{|d_i|}(v_j - v_i) \tag{6.4}$$

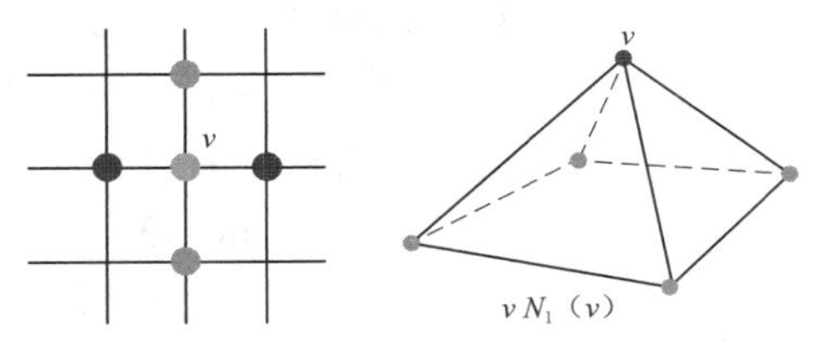

图 6.1 平面网格与空间网格

也可以表示成加权平均的形式

$$\Delta v_i = \sum_{j\sim i} w_{ij}(v_i - v_j) \tag{6.5}$$

式中：$\sum_{j\sim i} w_{ij}=1$，其他多种加权形式可以参见参考文献。

6.3 一种 ℓ_1 范数约束的特征点稀疏标定算法

在对三维模型进行保特征的光滑过程中，需要先确定模型的特征点，然后对特征点和非特征点采取不同的光滑策略以保留模型的几何细节特征。拉普拉斯坐标的幅度可以反映模型的几何特征，根据其幅度大小，人为的设定一个阈值，大于此阈值的认为是特征，小于此阈值的认为是噪声。在这种区别噪声和特征的方法中，人的主观因素起主要作用，决定最后的光滑效果，具有较大的随意性。

为了更准确地标定模型的特征点，根据曲面论中极小曲面的平均曲率处处为零，将三维模型局部逼近于一个极小曲面，使用 ℓ_1 最小约束解一个欠定方程组，得到的最优解就是模型的特征点标定向量，通过加入 ℓ_1 范数的稀疏性约束，使得模型表面平坦区域的点尽量少的产生移动，而特征点产生较大的移动，从而保证了本章算法能去除大多数的伪特征点，得到三维模型真实特征点的标定向量，具体过程如下。

(1) 根据输入的三维模型，使用式 (6.6) 计算模型顶点的拉普拉斯坐标。

$$\delta = LV \tag{6.6}$$

(2) 光滑后的模型顶点坐标用 V' 表示，其拉普拉斯坐标用 δ' 表示，则对于光滑后的三维模型，其拉普拉斯坐标为

$$\delta' = LV' \tag{6.7}$$

因为其表面是光滑的，设 $\delta'=0$，那么式 (6.7) 变为

$$LV' = 0 \tag{6.8}$$

(3) 根据式 (6.7) 和式 (6.8) 可得

$$L(V-V') = \delta \tag{6.9}$$

设 $V''=V-V'$，则式 (6.9) 变为

$$LV'' = \delta \tag{6.10}$$

由于方程组 $LV''=\delta$ 是一个欠定方程组，没有唯一确定的解，通过添加约束条件转化为一个优化问题，才能得到其最优解。约束条件通常使用二次能量函数最小，如下式：

$$\min\|V-V'\|_2 \quad \text{subject to} \quad L(V-V')=\delta \tag{6.11}$$

最小能量约束能保证优化变量的能量变化最小，即处理后的模型与原始模型之间的形变最小，然而并不能确定模型特征点所在的位置。若在模型光滑过程中，不考虑模型的细

节特征的因素，只是将模型变得更光滑，则特征点的移动距离 $V''=V-V'$ 应该是较大的，且相对于模型顶点的数量，特征点的个数应该是稀疏的，因此可以使用 ℓ_1 范数最小作为约束条件，以获得模型特征点的位置，可得

$$\min\|V''\|_1 \quad \text{subject to} \quad LV''=\delta \tag{6.12}$$

（4）解式（6.12）的最优化问题，即得到了 V'' 的最稀疏解，为了使该算法更鲁棒，可以设置一个松弛变量，将式（6.12）变为式（6.13）的形式。

$$\min\|V''\|_1 \quad \text{subject to} \quad \|LV''-\delta\|_2\leqslant\varepsilon \tag{6.13}$$

稀疏向量 V'' 中非零元素对应的模型顶点就是特征点，元素值的大小反映了模型几何特征的性质，本章将 V'' 称为特征点标定向量。

使用本章提出的特征点标定算法对 Bird 二维轮廓线图形进行特征点标定，以说明本算法的有效性，Bird 二维轮廓线图形是一个二维的几何信号，三维模型是一个三维的几何信号，它是二维几何信号在三维空间的推广，因此可以使用二维轮廓线图形来验证本章特征点标定算法的有效性；由于三维模型包含的顶点较多，表面特征较复杂，使用二维轮廓线图形进行算法的验证，其可视化效果更好，实验结果如图 6.2 所示。

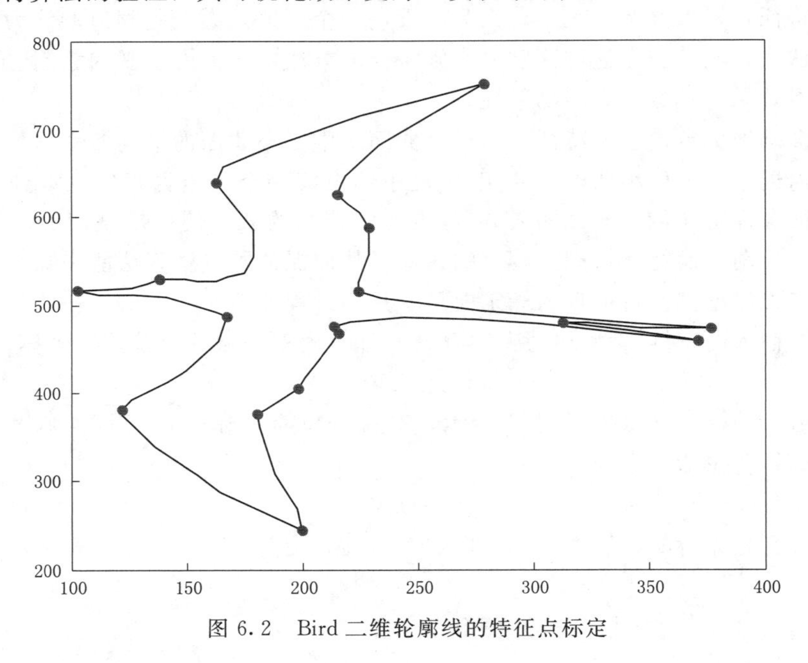

图 6.2　Bird 二维轮廓线的特征点标定

从图 6.2 中可知，Bird 的特征点都被准确的标定出来了，说明本章特征点稀疏标定算法是有效的。

6.4　基于面法向量保特征的三维模型光滑算法

三维模型的光滑过程实际上是将噪声模型的顶点移动到真实位置的过程，在此过程中可以使用模型顶点的笛卡尔坐标，根据邻域信息预测顶点坐标的真实位置，然后移动顶点

坐标得到光滑的模型，这种方法容易产生模型的体积收缩或过光滑现象。除了使用模型顶点的笛卡尔坐标进行光滑外，还可以使用模型顶点的微分坐标来预测模型顶点的真实位置。从曲面论的观点看，三维模型的光滑实际上是一个去除表面微分坐标的小扰动，使曲面变得更平坦的过程。在正常无噪声的情况下，三维模型表面是光滑的或是分片光滑的，其局部微分量应该是连续的或光滑的，因此可以使用模型顶点或相邻面片之间的局部微分量来刻画三维模型的光滑程度，若三维模型的一阶微分量是连续的，或其二阶微分量是光滑的，则此三维模型是光滑的，由此可以通过对三维模型微分量的光滑进而得到光滑的三维模型，光滑算法流程如图 6.3 所示。

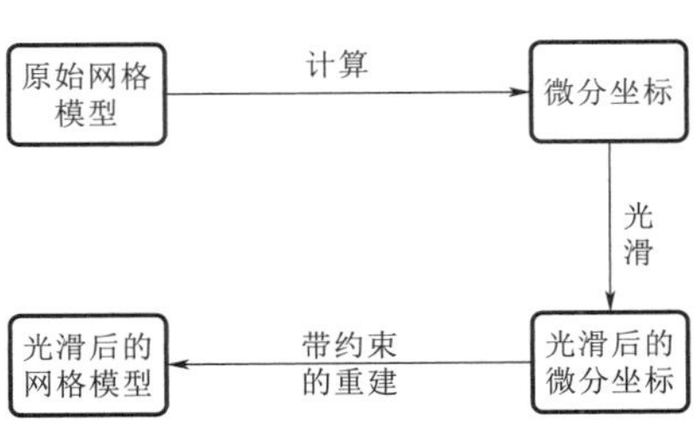

图 6.3　基于微分坐标的三维模型光滑算法流程

常见的三维模型的局部微分量有面法向量、顶点法向量、曲率和拉普拉斯坐标，其中顶点法向量和面法向量可以视为模型表面的一阶微分量，由于顶点法向量容易受到噪声影响而产生较大的偏移，因此在三维模型的一阶微分量中，本节使用面法向量对三维模型进行保特征的光滑。

6.4.1　保特征的加权最小二乘面法向量光滑算法

本节提出的离散二次能量函数对三维模型的面法向量进行保特征的光滑，对于有 m 个三角面片的三维模型，此离散二次能量函数表示为

$$E=\sum_{i=0}^{m-1}\{(n'_i-n_i)^2+\lambda[s_i w^2(n'_i)]\} \tag{6.14}$$

式中：n_i 为原始噪声模型 M 中三角面片 t_i 的面法向量；n'_i 为光滑后的模型 M' 中的三角面片 t'_i 的面法向量；$(n'_i-n_i)^2$ 为用来保证法向量在光滑前后尽可能的相似；$s_i w^2(n'_i)$ 为用来保证处理后的模型的面法向量尽可能的光滑；w 为光滑算子，有多种取法，本章为了计算简单使用拉普拉斯算子；s_i 为特征点标定参数，使用 6.3 节得到的特征点标定向量 V'' 来确定 s_i，特征点标定向量 V'' 是针对模型顶点的，对于面法向量，三角面片的特征参数 S_i 是三个顶点对应的标定向量元素的平均值，当此法向量是特征面片的法向量时，s_i 取值较小，反之，s_i 取值较大，本节中

$$s_i=\left(\left\|\frac{v''_i+v''_j+v''_k}{3}\right\|^{\alpha}+\varepsilon\right)^{-1},\ (v_i,v_j,v_k)\in t_i$$

α 是特征敏感度，通常在 1.5～2.5 之间取值；ε 是个常数，通常取 0.0001，用来避免分母为 0 的奇异情况出现；λ 为一个光滑系数，值越大模型越光滑。

可以将面法向量的保特征光滑过程转化为求此能量函数最小化的过程，能量函数式 (6.14) 表示成矩阵的形式

$$E=(N'-N)^{\mathrm{T}}(N'-N)+\lambda(N'^{\mathrm{T}}L^{\mathrm{T}}SLN') \tag{6.15}$$

式中：矩阵 S 为对角阵，对角线上的元素为 s_i；N 和 N' 为噪声模型和光滑模型的面法向量组成的向量；L 为此模型的拉普拉斯算子；三角面片 t_i 的 1 阶邻域是指与 t_i 有公共顶点和公共边的所有三角面片的集合。式 (6.15) 可以简化为

$$(I+\lambda L^{\mathrm{T}}SL)N'=N \tag{6.16}$$

由于此线性方程组是非奇异的，因此可直接求得其唯一的确定解

$$N'=(I+\lambda L^{\mathrm{T}}SL)^{-1}N \tag{6.17}$$

6.4.2 改进的质点约束三维模型重建算法

对于三维模型，面法向量 n_i' 垂直于此三角面片 t_i'，因此有

$$\begin{cases} n_i' \cdot (v_i'-v_j')=0 \\ n_i' \cdot (v_i'-v_k')=0 \\ n_i' \cdot (v_j'-v_k')=0 \end{cases} \tag{6.18}$$

式中：$(v_i', v_j', v_k') \in t_i'$，$v_i'$，$v_j'$，$v_k'$为光滑后模型的顶点。

现在来反求光滑后的三维模型顶点的笛卡尔坐标，方程组（6.18）的最小二乘解等价于能量函数 $E=\sum_{i=1}^{n}\sum_{(i,j)\in t_i}[n'_i \cdot (v'_i-v'_j)]$ 最小，对此函数求偏导数并使其为零，则光滑后的三维模型顶点的笛卡尔坐标的更新公式为

$$v'_i \leftarrow v_i+\lambda\sum_{i\sim j}^{m} n'_i n_i^{\mathrm{T}}(v_j-v_i) \tag{6.19}$$

式中：$i=1, 2, \cdots, n$，λ 为迭代步长。

6.4.3 实验结果分析

本节使用2组对比实验来说明算法对三维模型几何特征的保持效果。实验模型取自互联网，其中fandisk模型有6475个顶点，bunny模型有9763个顶点。

实验1：将原始无噪声的fandisk模型加入最大幅度为0.05平均边长的随机噪声，分别使用拉普拉斯光滑算法、面法向量中值滤波、面法向量均值滤波和本节算法对其进行光滑，实验效果如图6.4所示。

本节提出的光滑算法是基于面法向量的光滑算法，因此选取了2种基于模型面法向量光滑算法与本节算法进行比较，由图6.4可以看出，拉普拉斯算法的光滑效果很好，但是容易产生过光滑现象，导致模型的棱角变得模糊，面法向量的均值滤波和中值滤波的光滑效果稍差，本节算法的光滑效果和特征保持效果是最好的。

实验2：将原始无噪声的bunny模型加入标准差为0.2倍平均边长的高斯噪声，分别

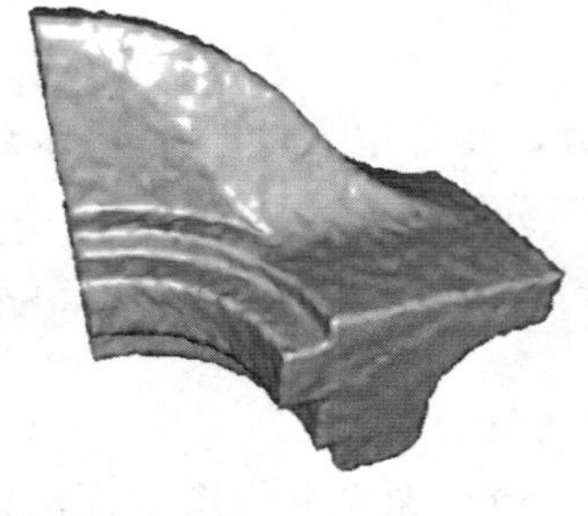

（a）噪声模型

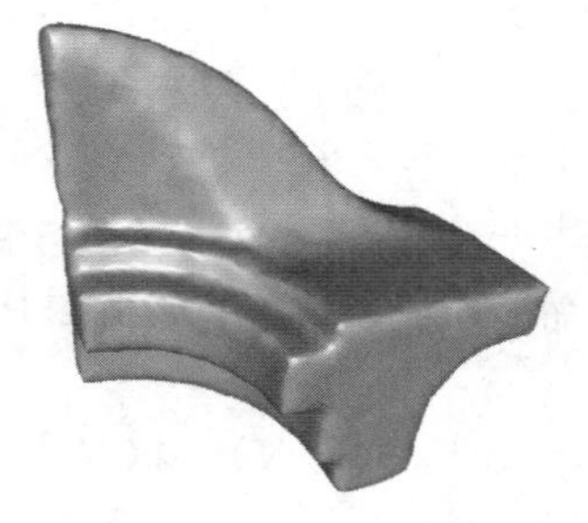

（b）拉普拉斯光滑（迭代3次）

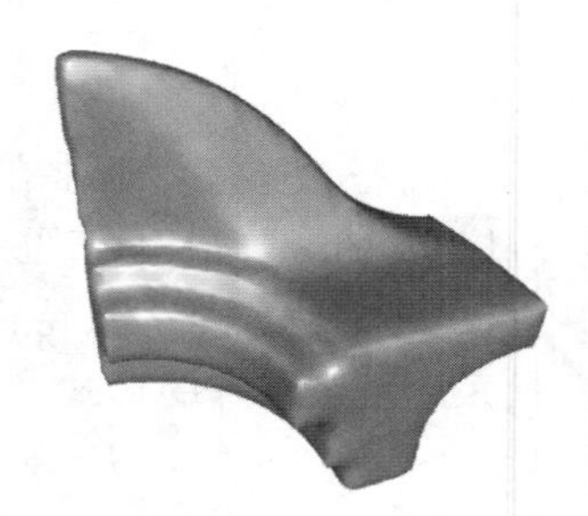

（c）拉普拉斯光滑（迭代6次）

图6.4(一)　fandisk模型的光滑效果

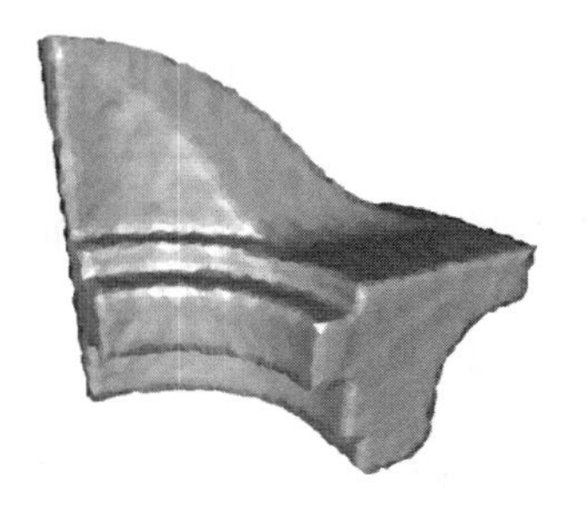

（d）面法向量中值滤波(迭代5次)

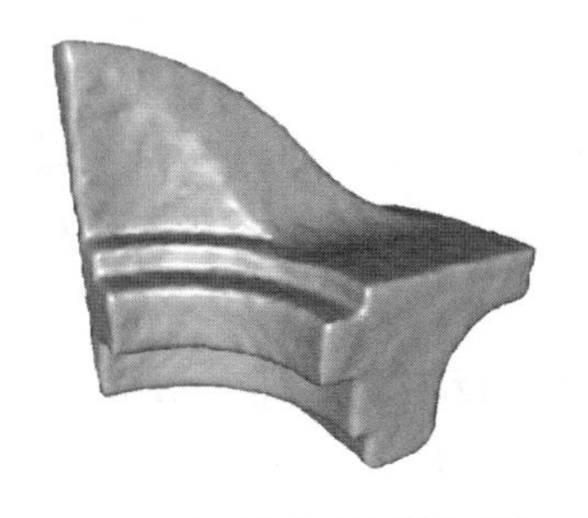

（e）面法向量均值滤波(迭代5次)

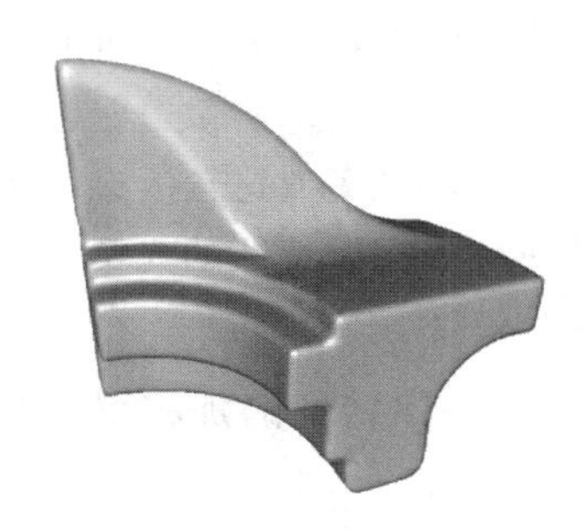

（f）本节算法

图 6.4(二)　fandisk 模型的光滑效果

使用拉普拉斯光滑、面法向量中值滤波、面法向量均值滤波和本节算法对其进行光滑，实验效果如图 6.5 所示。

由图 6.5 的实验结果可以看出，拉普拉斯算法的光滑效果最好，但模型的细节特征也损失最多，面法向量的中值滤波和均值滤波对特征的保持效果较好，但光滑效果稍差，本节算法的光滑和特征保持效果都很好。

（a）噪声模型

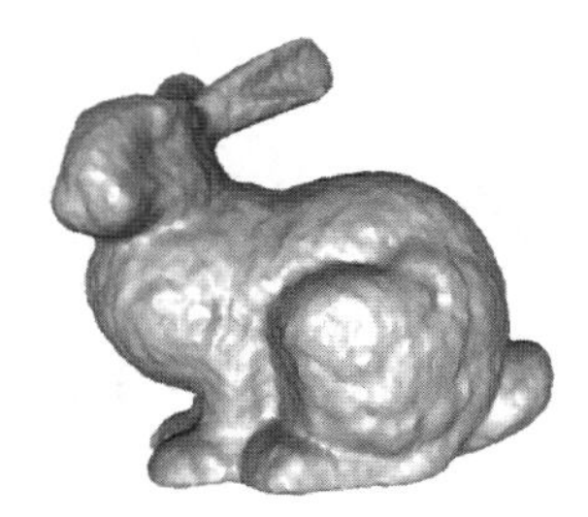

（b）拉普拉斯光滑（迭代3次）

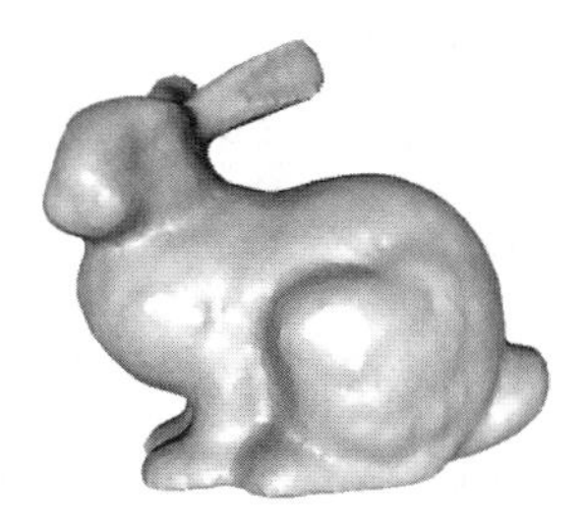

（c）拉普拉斯光滑（迭代10次）

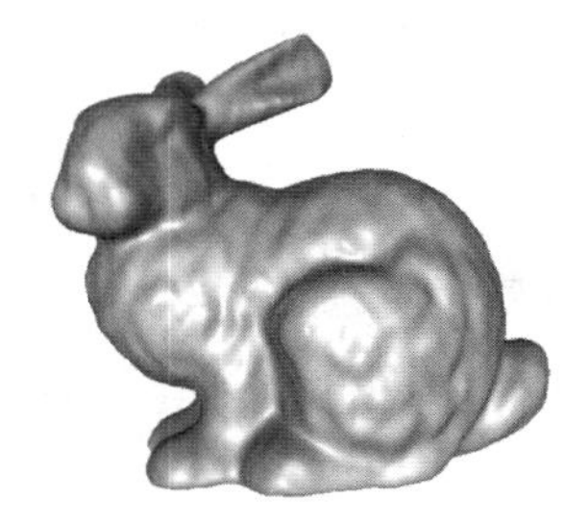

（d）面法向量均值滤波，迭代8次

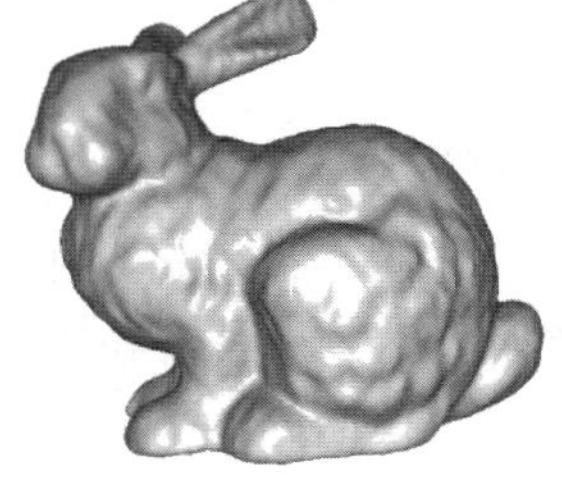

（e）面法向量中值滤波，迭代10次

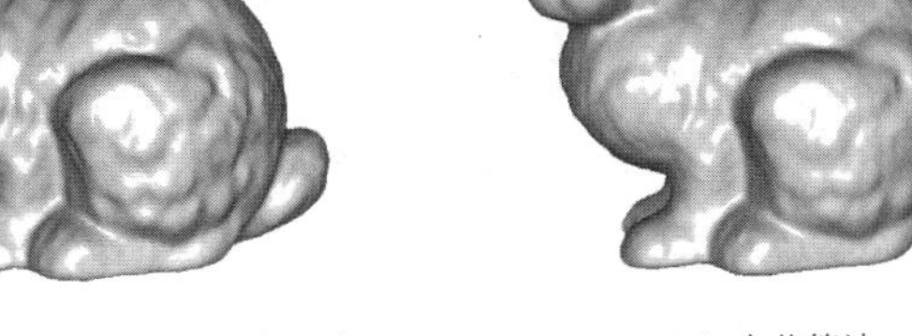

（f）本节算法

图 6.5　bunny 模型的光滑效果

6.5　基于拉普拉斯坐标保特征的三维模型光滑算法

三维模型的面法向量是一个单位向量，只能反映模型表面特征变化的方向，无法反映变化的幅度，对模型几何特征的描述能力有限。三维模型顶点的曲率和拉普拉斯坐标可视为模型表面的二阶微分量，对模型的几何特征有更强的描述能力，由于离散曲率的计算方法很多，且多数比较复杂，因此在三维模型的二阶微分量中，本节使用拉普拉斯坐标对三维模型进行保特征的光滑，拉普拉斯坐标即能反映三维模型几何特征变化的方向，又能反映其幅度。

6.5.1　保特征的加权最小二乘拉普拉斯坐标光滑算法

本节改进了离散二次能量函数，并将其应用于基于拉普拉斯坐标的保特征的光滑算法中，对于有 n 个顶点的带噪声的三维模型，根据公式（6.7）计算得到的拉普拉斯坐标为 $\delta(v_i)$，设光滑后的拉普拉斯坐标为 $\delta(v_i)'$，改进后的离散二次能量函数为

$$E=\sum_{i=1}^{n}\{[\delta(v_i)'-\delta(v_i)]^2+\lambda[\beta_i\delta^2(v_i)]\} \tag{6.20}$$

式中：$[\delta(v_i)'-\delta(v_i)]^2$ 用来保证光滑前后的拉普拉斯坐标尽可能的相似；$\beta_i\delta(v_i)$ 用来保证 $\delta(v_i)$ 在保特征的同时尽可能的光滑，其中 β_i 是权值函数，当 v_i 是特征点时，β_i 对应的权值应较小，当 v_i 不是特征点时，β_i 对应的权值应较大，本节采用 4.3 节中的特征点标定向量作为权值函数的输入，取 $\beta_i=(\|v_i''\|+1)^{-1}$，当 v_i''的值越大，权值 β_i 越小，当 $v_i''=0$ 时，权值 $\beta_i=1$。λ 是光滑参数，用来控制模型的光滑程度，λ 值越大，光滑程度越高，但会损失一些几何细节特征。

对式（4.20）取偏导数并使其为 0，可得

$$(I+\lambda B)\delta'=\delta \tag{6.21}$$

式中：B 为对角阵，对角线上的元素为 β_i；δ 和 δ'分别为光滑前后的拉普拉斯坐标向量。由于方程组（4.21）是非奇异的，因此可以方便的得到其解

$$\delta'=(I+\lambda B)^{-1}\delta \tag{6.22}$$

本节通过一个离散二次能量函数最小化过程，得到了光滑的保特征的拉普拉斯坐标，下一步需使用光滑后的拉普拉斯坐标重建模型的笛卡尔坐标，才能得到具有特征保持效果的光滑的三维模型。

6.5.2　改进的顶点约束三维模型重建算法

光滑后的拉普拉斯坐标需要重建模型顶点的笛卡尔坐标才能得到最后的光滑模型，有 n 个顶点光滑的三维模型的拉普拉斯坐标是由拉普拉斯算子作用于模型顶点的笛卡尔坐标而得到的，可以表示为

$$\delta'=L(V')\qquad V'=(v_1',v_2',\cdots,v_n')^{\mathrm{T}},\ \delta'=(\delta_1',\delta_2',\cdots,\delta_n')^{\mathrm{T}} \tag{6.23}$$

式（4.23）中 δ'是已知的，若矩阵 L 是非奇异的，即 $Rank$（L）$=n$，则顶点坐标可以唯一的由拉普拉斯坐标而确定，即 $V'=L^{-1}\delta'$。若矩阵 L 是奇异的，则 L^{-1}不存在，无法从拉普拉斯坐标中唯一的恢复模型顶点的笛卡尔坐标。

使用一个简单的例子来说明 L 是否为奇异矩阵。设 a，b 和 c 是三维空间中一个三角形的 3 个顶点，此三角形是一个嵌入到三维空间的二维流形，如图 6.6 所示。

根据顶点 a，b 和 c 的邻接关系，如图 6.7 所示，这三个顶点的拉普拉斯算子为

$$L=\begin{bmatrix}1 & -1/2 & -1/2\\ -1/2 & 1 & -1/2\\ -1/2 & -1/2 & 1\end{bmatrix} \tag{6.24}$$

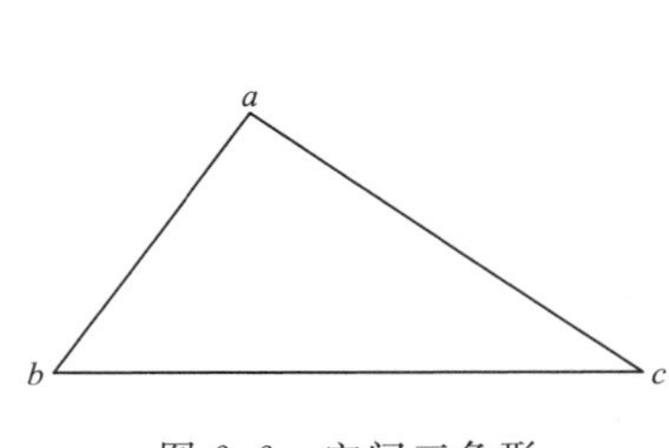

图 6.6　空间三角形

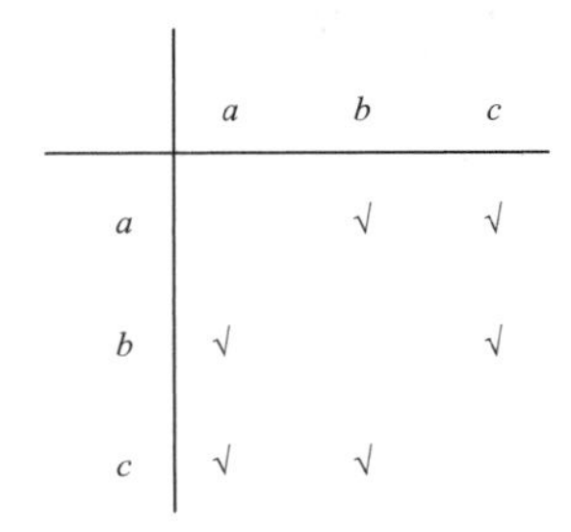

	a	b	c
a		√	√
b	√		√
c	√	√	

图 6.7　顶点的邻接关系（√表示邻接）

在空间三角形 abc 中用符号“～”来表示邻接关系，顶点 a 的邻接关系为

$$\left.\begin{array}{l} a\sim b \Leftrightarrow b\sim a\\ a\sim c \Leftrightarrow c\sim a \end{array}\right\} \tag{6.25}$$

顶点 b 的邻接关系为

$$\left.\begin{array}{l} b\sim c \Leftrightarrow c\sim b\\ b\sim a \Leftrightarrow a\sim b \end{array}\right\} \tag{6.26}$$

由式（6.25）和式（6.26）可以确定顶点 c 的邻接关系

$$\left.\begin{array}{l} c\sim a\\ c\sim b \end{array}\right\} \tag{6.27}$$

由式（6.25）～式（6.27）可知，只要确定了顶点 a 和 b 的邻接关系，就间接确定了顶点 c 的邻接关系，而拉普拉斯算子实际上反映了顶点之间的邻接关系，每一行对应了一个顶点的邻接关系。实际上，对于拉普拉斯矩阵 L 有 $l_3=-(l_1+l_2)$ 其中 l_1、l_2 和 l_3 表示矩阵 L 的第一、第二和第三行。

由以上分析可知，三角形各顶点的邻接关系的确定与拉普拉斯矩阵各行之间的关系是相互对应的，对于嵌入到三维空间中的有 n 个顶点的二维流形三角网格模型，第 n 个顶点的邻接关系可以由前 $n-1$ 个顶点来确定，其拉普拉斯矩阵的秩为 $Rank(L)=n-1$。拉普拉斯矩阵的秩 $Rank(L)=n-k$，其中 k 是曲面 M 的连通子集的个数，对于本文使用的三维模型而言，连通子集的个数是 1，这就从理论上说明了矩阵 L 的秩为 $n-1$。

由于矩阵 L 是个非满秩矩阵，因此 $LV'=\delta'$ 是个欠定方程组，无法从已知的光滑的拉普拉斯坐标中唯一的重建模型顶点的笛卡尔坐标。通常，可以添加一些线性的约束条件，将重建顶点笛卡尔坐标的问题转化为一个线性最小二乘问题来求解。可以使用模型的三角面片的质心作为约束条件，以防止重建过程中的模型体积收缩和变形。三维模型三角面片 $T=\langle i, j, k\rangle$ 的质心约束可以表示为

$$(v_i'+v_j'+v_k')/3=(v_i+v_j+v_k)/3 \tag{6.28}$$

使用三角面片的质心约束，从拉普拉斯坐标重建模型顶点笛卡尔坐标的过程，可以表

示为一个二次能量函数最小化过程

$$\min_{V'}\|LV'\|+\lambda^2\sum_{(i,j,k)\in F}|(v'_i+v'_j+v'_k)-(v_i+v_j+v_k)|^2 \tag{6.29}$$

式中：λ 为三角面片质心约束的权重；V'为重建后的顶点坐标。求解式（6.29）的过程就是求解一个稀疏线性方程组的过程

$$\bar{A}V'=\binom{L}{Z}V'=\binom{0}{b^Z}=\bar{b} \tag{6.30}$$

式中：Z 为 $m\times n$ 的矩阵，矩阵中的第 k 行仅包括 3 个非零值，用于约束对应的三角面片 $T_k=\langle i_1, i_2, i_3\rangle$ 的质心位置

$$z_{ki}=\begin{cases}\lambda & i=i_1,i_2,i_3\\ 0 & \text{其他}\end{cases} \tag{6.31}$$

式中：$1\leqslant k\leqslant m$，$1\leqslant i\leqslant n$。

b^Z 是一个 $m\times 1$ 的列向量，其元素为 $b_k^Z=\lambda\ (gi_1+gi_2+gi_3)$，$g\in\ (x, y, z)$。最后重建的三维模型顶点笛卡尔坐标由 $V'=(A^{-\mathrm{T}}\bar{A})^{-1}A^{-\mathrm{T}}\bar{b}$ 计算得到。

使用顶点位置作为约束条件，能在重建过程保持特征点位置不变。基于顶点约束的最小二次能量函数可以表示为

$$\arg\min_{V'}\|LV'-\delta'\|^2+\sum_{i=1}^{n}w^2\|v'_i-v_i\|^2 \tag{6.32}$$

式中：w 为顶点位置约束权值。式（4.32）对应着线性方程的最小二乘解，求解其法方程 $A^{\mathrm{T}}AV'=A^{\mathrm{T}}B$ 得到最终解。

$$AV'=\left[\frac{L}{wI_{n\times n}}\right]V'=\left[\frac{\delta'}{wV}\right]=B \tag{6.33}$$

由于本章算法在保特征的光滑前，就已经对模型的特征点进行了标定，使用基于模型顶点的约束条件，无需再选择约束顶点，因此本节使用特征点约束重建模型的笛卡尔坐标，算法的具体步骤如下。

（1）输入噪声模型 $M=(v,\varepsilon)$，其中 $v=(v_1,v_2,\cdots,v_n)$ 是三维模型顶点的集合，根据式（6.6）计算模型的拉普拉斯坐标 $\delta(v_i)(i=1,2,\cdots,m)$。

（2）使用一个离散二次能量函数［式（6.20）］对噪声模型的拉普拉斯坐标 δ 进行光滑，得到特征保持的光滑的拉普拉斯坐标 δ'，其中 $\lambda=1.5$。

（3）根据式（6.33）重建三维模型顶点的笛卡尔坐标，得到保留几何细节特征的光滑的三维模型。

6.5.3 实验结果分析

本节使用 2 组对比实验及 2 种评价方法说明算法的性能。

实验 1：对带噪声的 iH - bunny 模型，分别使用 Ohtaked 等、Sun 等、Hilderbrand 等和本节算法对其进行光滑，并使用三维模型的欧氏距离误差和平均曲率误差对实验结果做定量的评价，具体的误差计算方法见 5.3.2 节。

从图 6.8 中可以看出，本节算法在光滑的同时，能较好地保持 iH - bunny 模型上英文字母的特征。从视觉效果上看，各种算法的光滑效果区别并不显著。为了能定量的评价

各算法的光滑和特征保持的效果，使用模型之间的欧式距离误差和平均曲率误差对各种算法进行评价。欧式距离误差用来衡量模型之间的相似度，若光滑后的模型与原始无噪声模型越相似，欧式距离误差值越小，反之，误差值越大。平均曲率误差用来衡量光滑后模型的特征保持情况，若光滑后的模型特征保持较好，平均曲率误差值较小，反之，误差值较大。各算法的距离误差和平均曲率误差直方图，如图 6.9 所示。

（a）原始模型

（b）噪声模型（加入高斯噪声，标准差为0.25×模型的平均边长）

（c）Ohtaked的算法

（d）Sun的算法（n_1=5，n_2=20，T=0.6）

（e）Hilderbrand的算法

（f）本节的算法

图 6.8 iH－bunny 模型的光滑效果图

由图 6.9（a）可知，4 种光滑算法的欧氏距离误差值都很小，且基本相同，说明 4 种算法的光滑效果都很好，且光滑过程中模型的体积没有收缩。由图 6.9（b）可知，4 种算法都较好的保持了模型的细节特征，本章算法的平均曲率误差值略小于其他 3 种算法，即本章算法在光滑过程中能更好地保持模型的几何细节特征。

实验 2：使用实验 1 中的 4 种光滑算法分别对 dragon 模型进行光滑，此模型包含更多的细节特征。

由图 6.10 可以看出，对于非常细微的特征，本节算法特征保持的效果最好，其他 3 种方法稍差。对于有复杂细节特征的模型，曲率能更好地反映其表面的几何特征，使用欧氏距离和平均曲率误差直方图对各算法进行评价，如图 6.11 所示。

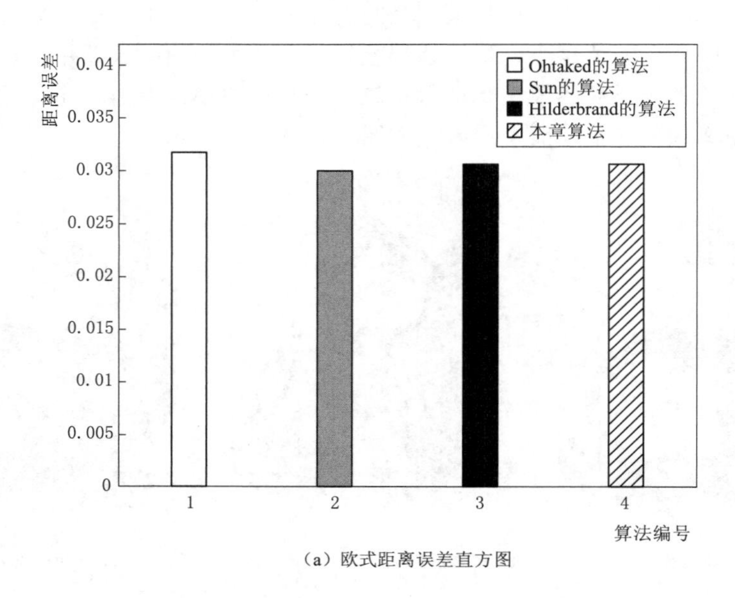

(a) 欧式距离误差直方图

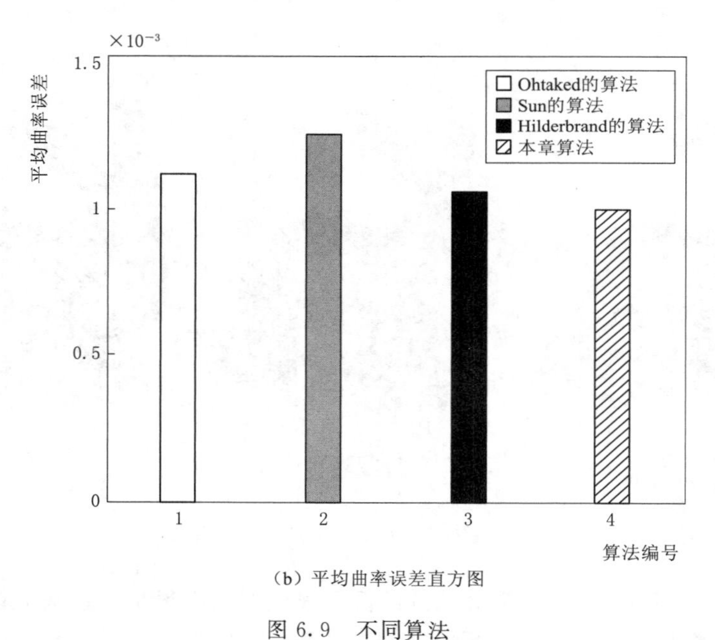

(b) 平均曲率误差直方图

图 6.9　不同算法

由图 6.11 (a) 可知，4 种算法都取得了较好的光滑效果，而且并没有引起模型的体积收缩或变形等问题。由图 6.11 (b) 可知，本章算法的误差值最小，说明本章算法在光滑的同时，对模型的细节特征保持效果最好。

本章算法应用于兵马俑碎片三维模型的光滑中，对盔甲、头部等几何细节丰富的碎片取得了较好的光滑效果，部分碎片的光滑效果见表 6.1。

(a) 原始模型

(b) 噪声模型(加入标准差为0.02×模型平均边长的高斯噪声)

(c) Ohtaked的算法

(d) Sun的算法

(e) Hilderbrand的算法

(f) 本章算法

图 6.10　dragon 模型的光滑效果

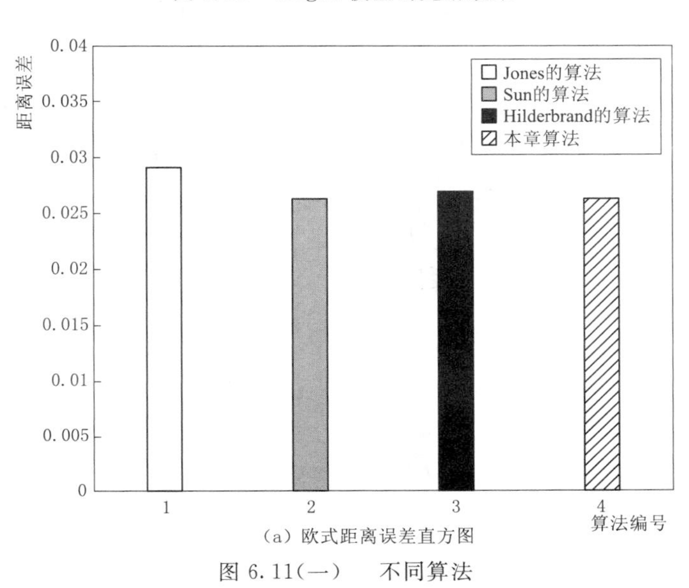

(a) 欧式距离误差直方图

图 6.11(一)　不同算法

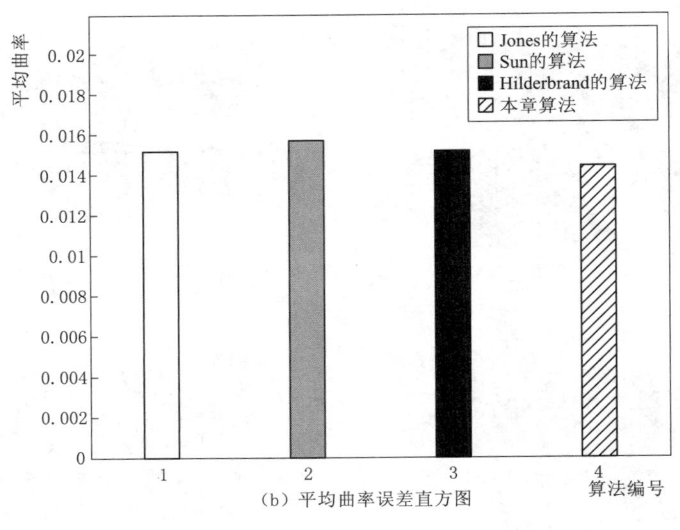

(b) 平均曲率误差直方图

图 6.11(二)　不同算法

表 6.1　**部分兵马俑碎片三维模型光滑效果**

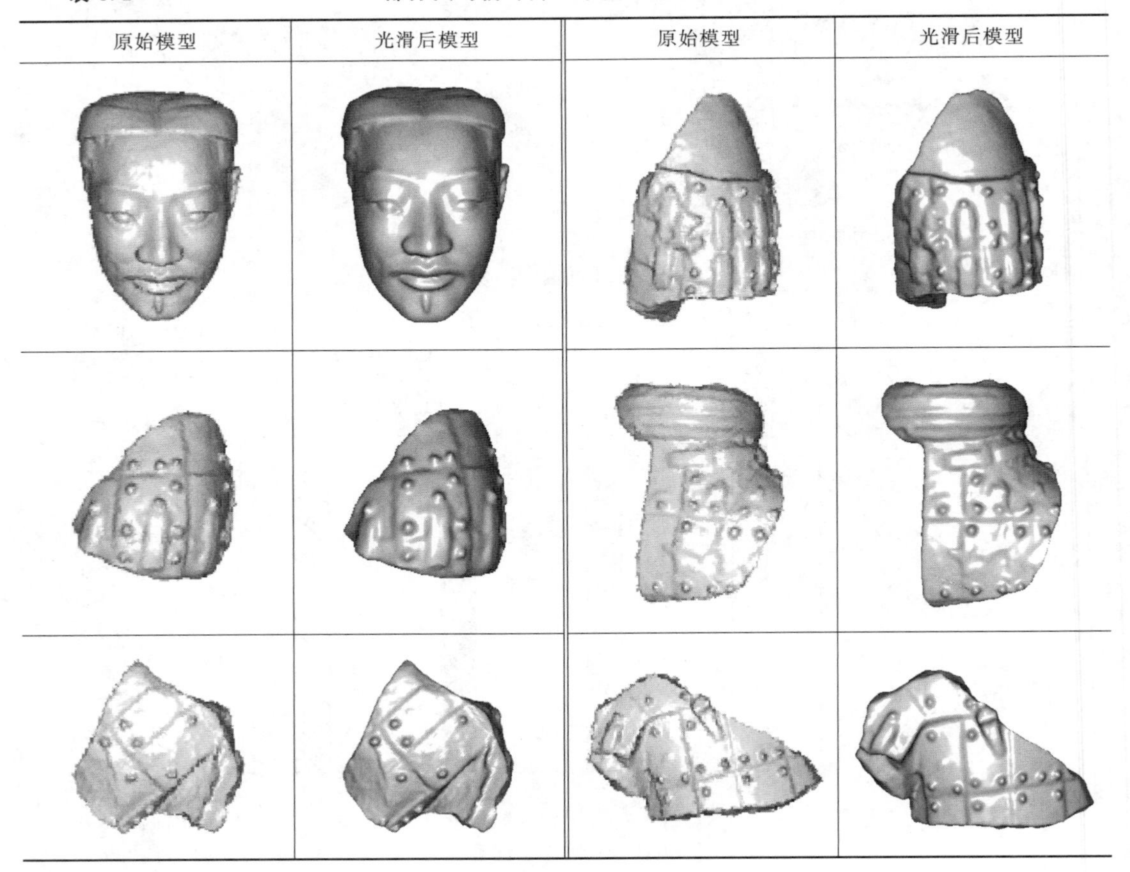

原始模型	光滑后模型	原始模型	光滑后模型

续表

原始模型	光滑后模型	原始模型	光滑后模型
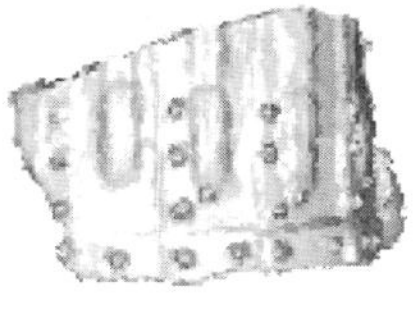	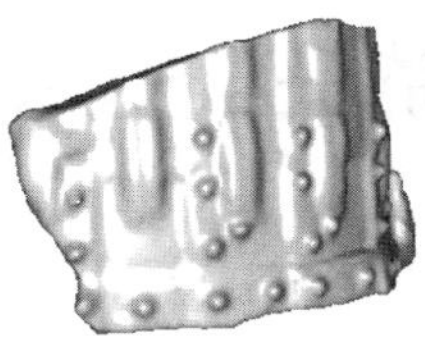	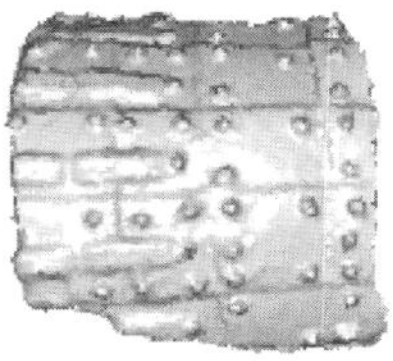	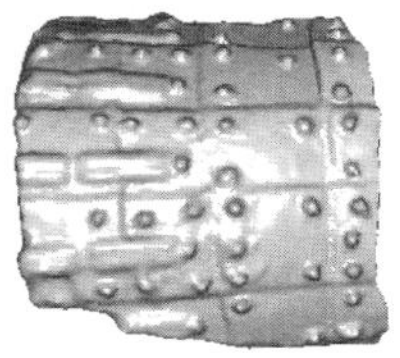
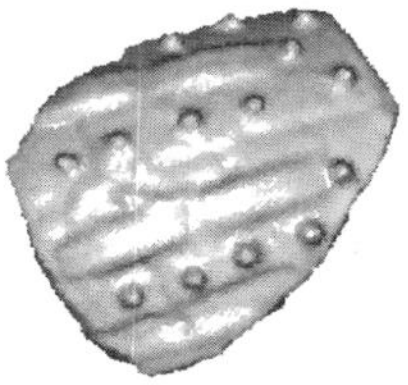	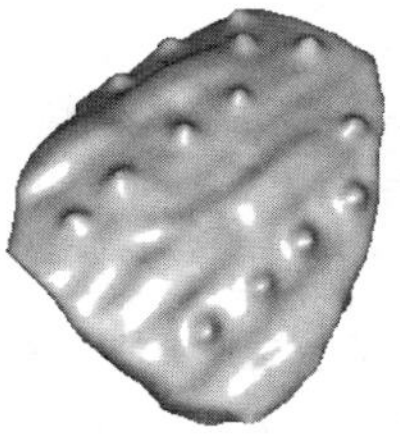	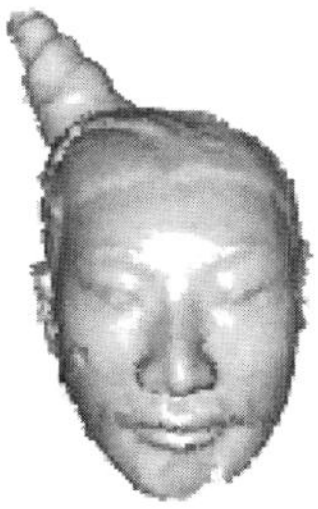	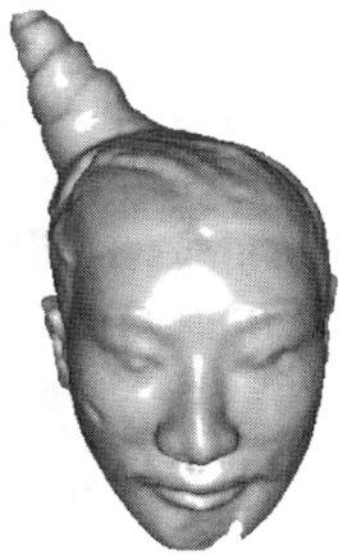

6.6 本章小结

本章提出了一种基于微分坐标的三维模型光滑算法，首先使用 ℓ_1 稀疏优化算法标定三维模型的特征点，该算法无需人工交互，能有效地去除噪声模型中大多数的伪特征点；然后使用特征点标定向量构建了一个加权离散二次能量函数，改进了基于模型顶点坐标的重建算法，并使用面法向量对三维模型进行保特征的光滑，该算法是线性的，计算过程简单，求解复杂度低，对比实验说明了该算法对三维模型的几何特征具有良好的保持效果，同时二次能量函数约束还避免了模型体积收缩的问题；最后针对面法向量只能表示模型几何特征的方向而无法表示其幅度的缺点，使用拉普拉斯坐标对此光滑算法进行了改进，改进后的算法对模型细微的几何特征具有更好的描述能力，对比实验说明改进后的算法对三维模型细微的几何特征具有良好的保持效果。将本章提出的光滑算法用于兵马俑碎片三维模型的光滑处理中取得了较好的光滑效果。

第 7 章　基于稀疏匹配的三维模型检索算法

7.1　引言

三维数据获取技术的成熟和各种建模软件的发展，使得三维模型已不再是一种稀缺资源，每天都有数以万计的三维模型出现，出现了一些大型或是超大型的三维模型库。与此同时，用户对检索系统的要求也在逐步的提高，从最初对查全率的重视转向了对查准率的要求。大量的冗余信息不仅在传输过程中，占用了大量的网络资源和时间，而且用户在筛选信息时也要占用较多的时间和精力。因此，寻找一种有效提高查准率的检索算法，最大限度的去除检索结果中的冗余信息，以节约网络传输及人力资源是十分必要的。

7.2　一种多特征融合的形状描述符提取算法

三维模型的检索过程一般包含两个步骤：第一步是对模型进行形状描述符的提取，它是三维模型检索系统的关键步骤，描述符提取的质量直接影响到检索系统的性能。近年来，很多学者从不同角度提出了多种三维模型特征提取方法，并都取得了较好的检索效果，然而不同类型的形状描述符只能反映模型某一方面的特性，无法全面的描述一个三维模型。多种特征融合的方法可以集合不同形状描述符的优点，较全面地描述三维模型的特性，能有效地提高检索效率。因此，本章采用多特征融合的方式，使用全局径向距离特征和局部径向距离特征，经过扩展核方法将其融合为一个新的特征向量，它包含了融合前各独立形状描述符的所有信息，能较全面地描述三维模型，相对单一的形状描述符有更高的检索效率。

7.2.1　面积加权的全局径向距离特征提取

全局径向距离是一种基于形状直方图的三维模型形状描述符，首先，使用球坐标和射线法提取三维模型的全局径向距离特征，在特征提取前，需要对模型进行正则化处理，先将三维模型包裹于一个球内，然后将模型中心坐标和球的中心坐标重合，并对模型和包裹球进行缩放使球的半径为 1.0，然后对模型进行形状描述符的提取。由于模型的中心和球的中心重合，因此模型表面某一点 p 的全局径向距离就是从原点到 p 点的向量的模。为了均匀的在三维模型上取点，根据包裹球的角度坐标，将三维模型分为若干个小格子，每个格子中所有点的平均径向距离作为此区域三维模型的径向距离。若以模型表面任意一点 p 为终点，坐标原点为起点的向量 v 与 x 轴和 y 轴的夹角为 φ 和 θ（$\varphi\in[0°，180°]$，$\theta\in[0°，360°]$），角度空间的增量为 $\Delta\varphi$ 和 $\Delta\theta$，则模型表面的每个区间表示为

$$bin(i,j)=\left\{\varphi,\theta \mid i\cdot\Delta\varphi\leqslant\varphi<(i+1)\cdot\Delta\varphi,\right.$$
$$j\cdot\Delta\theta\leqslant\theta<(j+1)\cdot\Delta\theta,$$
$$\left.0\leqslant i<\frac{180}{\Delta\varphi},0\leqslant j<\frac{360}{\Delta\theta}\right\} \tag{7.1}$$

由于不同的三维模型包含的顶点数目不一定相同，因此使用面积加权的径向距离作为三维模型的形状描述符

$$H(i,j)=\frac{\sum_{c_k\in bin(i,j)}\|c_k\|\cdot a_k}{\sum_{c_k\in bin(i,j)}a_k} \tag{7.2}$$

式中：c_k 为三角面片的中心；a_k 为三角面片的面积。

7.2.2 灰度图像映射的局部径向距离特征提取

局部径向距离形状描述符能表现模型局部的几何特征。首先将三维模型放置在一个中心在原点，边长为 1 的正方体中，并将此正方体分割成 $N\times N\times N$ 的小正方体，这些小正方体的中心坐标为

$$\{(x_i,y_i,z_i)\mid x_i,y_i,z_i\in[-1,1]\} \tag{7.3}$$

$$\left\{(x_i,y_i,z_i)\mid x_i,y_i,z_i\in\left\{\frac{2i-N-1}{N}\middle| 1\leqslant i\leqslant N\right\}\right\} \tag{7.4}$$

对于模型上的每一个点，计算其与最相邻正方体中心点的距离 d，作为顶点的局部径向距离。将局部径向距离作为图像的灰度信息进行编码，可以得到一个二维的灰度图像，通过变换视线的位置，可以得到不同的二维灰度图，这些灰度图表现了模型的局部特征。

7.2.3 基于核函数的特征融合

本节使用核方法将两种特征进行融合，若将三维模型的一个形状描述符用一个特征向量表示，那么多特征融合就是将多个特征向量融合成一个新的特征向量，并且使新的特征向量包含原有特征向量的所有信息，可以用一个映射来表示多特征融合：$\phi\ (R^{m\times n})\rightarrow R^l$，如图 7.1 所示。

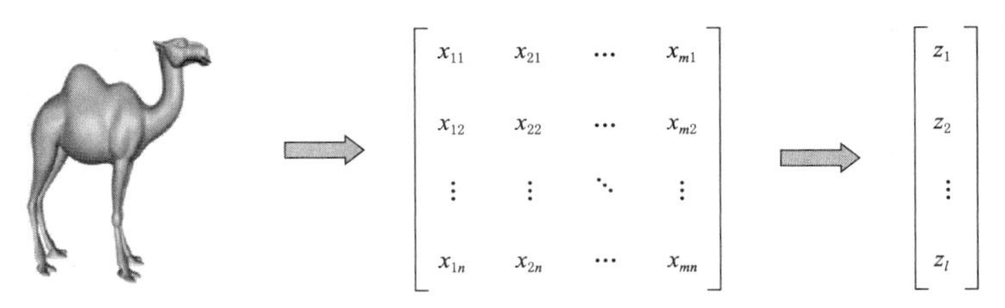

图 7.1 三维模型的多特征融合

在 7.3.1 节和 7.3.2 节中，分别计算了模型的全局径向距离和局部径向距离，全局特征计算简单，但是对模型细节特征表达能力有限；局部特征能很好地描述模型细节特征，但是对模型的整体性描述较差。融合后的新特征能更全面的表示三维模型。全局特征和局部特征分别使用矩阵 Y_1 和 Y_2 来表示，并组成一个三维模型的特征矩阵 $Y=[Y_1\quad Y_2]$，根据公式

$$V,\phi(Y)=\sum_{i=1}^{2}\alpha_i[\phi(Y_i)\cdot\phi(Y)] \tag{7.5}$$

式中：$\phi(Y_i)\cdot\phi(Y)=k(\cdot)=Y_i^{\mathrm{T}}Y\cdot Y_i^{\mathrm{T}}Y(i=1,2)$，$k(\cdot)$ 是多项式核函数 $k(x,y)=(x\cdot y)^d$，将特征矩阵 Y_1 和 Y_2 融合成一个新的特征向量；$V=\sum_{i=1}^{2}\alpha_i\phi(Y_i)$。

7.2.4 实验结果分析

实验1：使用普林斯顿大学的标准三维模型库，从中选取1000个模型作为实验数据库(包括动物、人物与交通工具三类)。检索接口使用模型输入接口，使用全局径向距离、局部径向距离和融合特征对同一输入模型进行检索，并采用查全率与查准率作为评价三种方法的依据。将检索结果的前6个模型列表，并根据实验结果绘制PR（查准率-查全率）曲线，如图7.2所示。

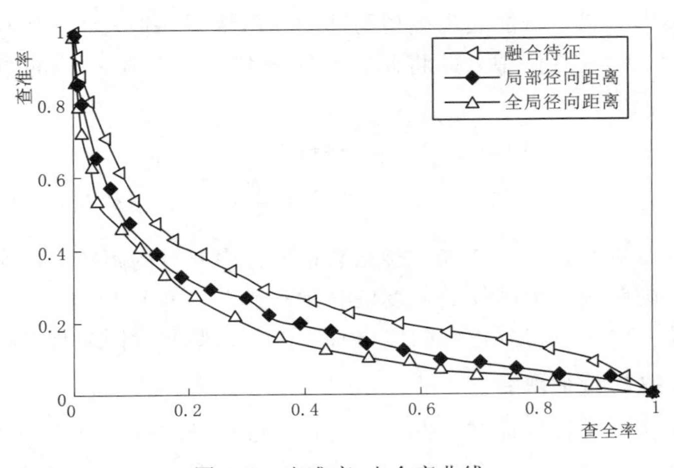

图7.2 查准率-查全率曲线

表7.1列举了3种方法的前6个检索结果。全局径向距离和局部径向距离的检索结果中有1个错误模型。融合特征的检索结果中没有错误模型。表7.2列举了以人物模型为输入模型，列出了3种方法的前6个检索结果，3种方法都检索出了相似的模型，但从视觉效果上看，融合特征的检索结果的排序更合理。3种形状描述符的查准率-查全率曲线如图7.3所示，可以看出融合特征的检索效率最好。

实验2：从西北大学可视化技术研究所自主构建的三维模型库中选取1000个模型作为实验数据库，检索接口使用模型输入接口，使用全局径向距离、局部径向距离和融合特征3种形状描述符分别进行检索，并采用查全率-查准率曲线作为评价3种方法的依据。单次检索结果如图7.3～图7.5所示。

从图7.3～图7.5的检索结果可以看出，3种形状描述符都检索出了相似的模型，前6个返回结果中没有错误模型出现，说明这3种描述符都是有效的，但从模型相似度的排序来说，融合后的描述符的检索结果更好，查全率-查准率曲线如图7.6所示，从图中可知，融合特征的检索效率较高。

表 7.1　　动物类模型的检索结果

输入模型	特征描述	检索结果					
		1	2	3	4	5	6
	融合特征						
	全局径向距离						
	局部径向距离						

表 7.2　　人物类特征在数据库中的检索结果

输入模型	特征描述	检索结果					
		1	2	3	4	5	6
	融合特征						
	全局径向距离						
	局部径向距离						

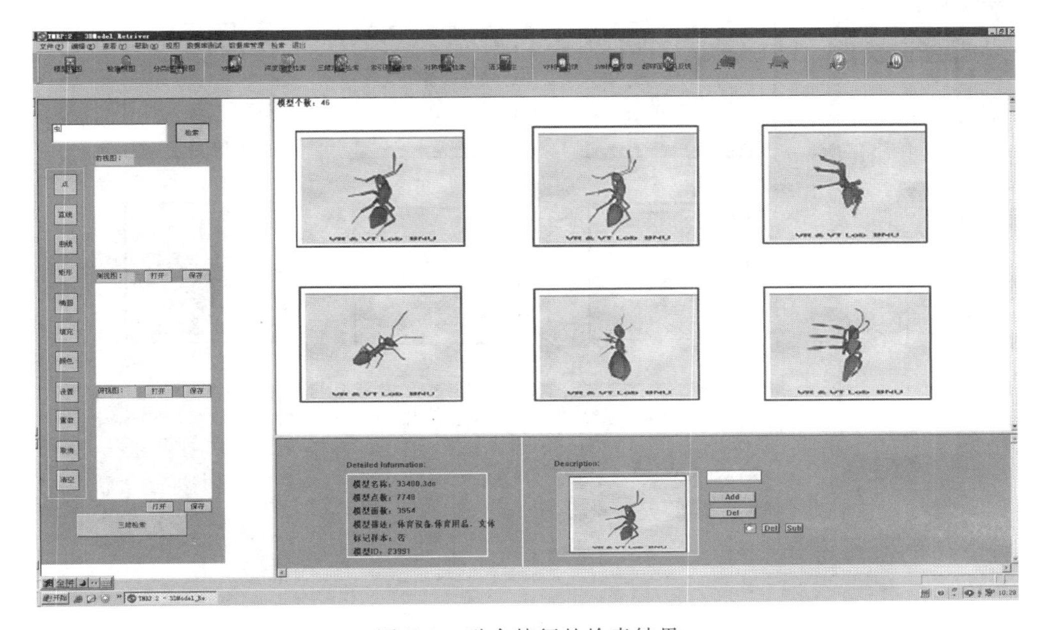

图 7.3　融合特征的检索结果

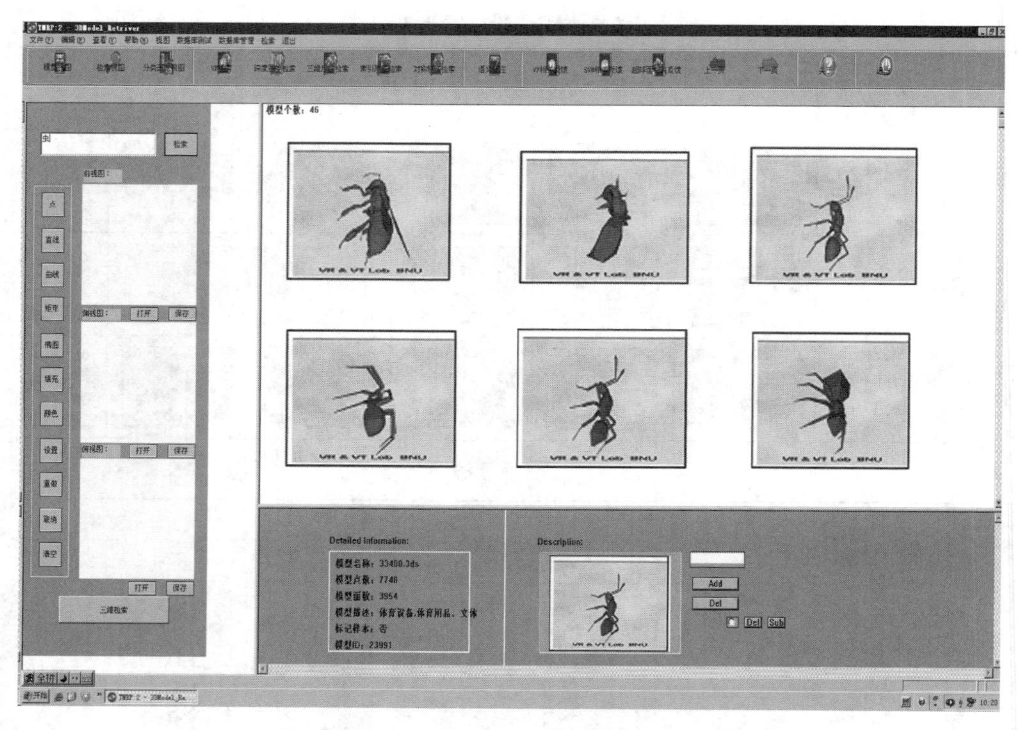

图 7.4　全局径向距离的检索结果

图 7.5　局部径向距离的检索结果

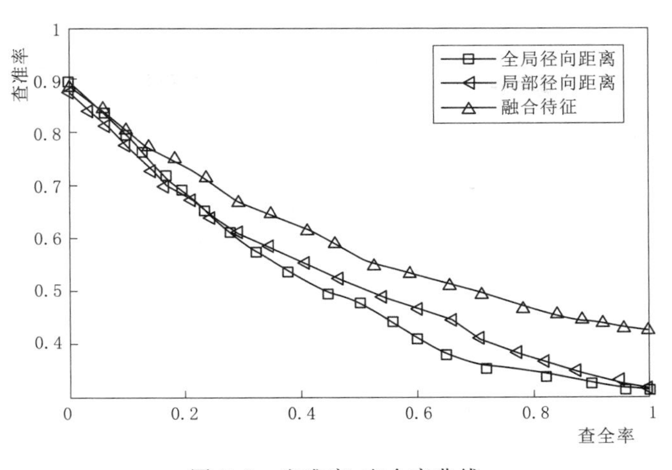

图 7.6 查准率-查全率曲线

7.3 基于稀疏匹配的相似性度量算法

7.3.1 二次锥规划原理

一个优化问题可以使用数学公式表示为

$$\min f_0(x) \text{ subject to } f_i(x) \leqslant b_i, i=1,2,\cdots,m \tag{7.6}$$

向量 $x=(x_1,x_2,\cdots,x_n)^{\mathrm{T}}$ 称为优化向量，函数 $f_0(x)$：$R^n \to R$ 称为目标函数，函数 $f_i(x)$:$R^n \to R(i=1,2,\cdots,m)$ 称为约束函数，常数 $b_1,b_2,\cdots,b_n$ 是约束函数的上界。当向量 x'使得目标函数 $f_0(x)$ 的值最小时，且满足所有的约束条件，则 x'是上述最优化问题的解或称最优解。

当目标函数和约束函数都是凸函数时，一般优化问题转化为凸优化问题，其基本形式为

$$\min f_0(x) \text{ subject to } \begin{array}{l} f_i(x) \leqslant 0, i=1,\cdots,m \\ a_i^{\mathrm{T}} x = b_i, i=1,\cdots,p \end{array} \tag{7.7}$$

式中：f_0，…，f_m 为凸函数，与优化问题的基本形式相比较，凸优化有 3 个附加要求：

(1) 目标函数 f_0 必须是凸的。

(2) 不等式约束 $f_i(x) \leqslant 0$ 必须是凸的。

(3) 等式约束函数 $h_i(x) = a_i^{\mathrm{T}} x - b_i$ 必须是仿射的。

凸优化的可行域是凸的，只有在凸的可行域中，局部最优解才是全局最优解。在凸优化问题中，有一类问题称为二次锥规划问题（Second-order Cone Programming，SOCP）。二次锥规划问题是线性规划和二次规划的推广，是一类应用广泛的非光滑凸规划问题，许多数学问题都可以转化为二次锥规划问题来求解，近年来成为数学规划领域中一个值得关注的方向。

二次锥规划的标准形式为

$$\min_{x} c^{\mathrm{T}}x \text{ subject to } \|A_i x + b_i\|_2 \leqslant c_i^{\mathrm{T}}x + d_i \quad i=1,\cdots,m \tag{7.8}$$

式中：$A_i \in R^{p_i \times n}$ 为一个已知矩阵；$b_i \in R_i^p$；$c_i \in R^n$ 为向量；d_i 为标量。

一个 R^{p+1} 空间的二次锥定义为

$$\boldsymbol{K}_p = \{(x, y) \in R^{p+1} : \|x\|_2 \leqslant y\} \tag{7.9}$$

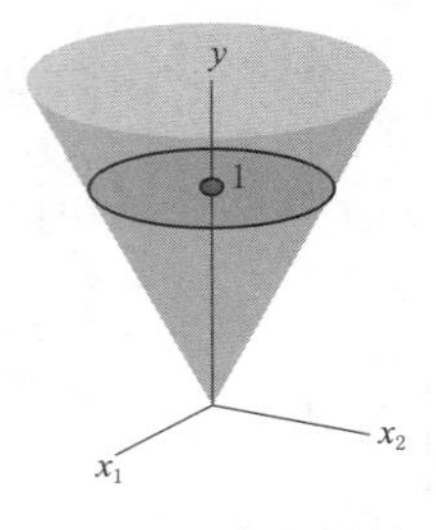

图 7.7　R^3 空间的二次锥

式（5.4）是个凸集，它是无数个半平面的交集

$$\boldsymbol{K}_p = \bigcap_{u:\|u\|_2 \leqslant 1} \{(x, y) \in R^{p+1} : x^{\mathrm{T}}u \leqslant y\} \tag{7.10}$$

图 7.7 是 R^3 空间的一个二次锥，又称为“冰淇淋锥”。

因此，此类优化问题被称为二次锥规划问题。在二次锥规划问题中，锥 $\boldsymbol{K}_{p_i}$ 是凸的，映射 $x \rightarrow (A_i x + b_i, c^{\mathrm{T}}x + d_i)$ 是仿射的，即解的可行域是凸的，有全局最优解。

式（7.3）可转化为一个锥的形式

$$\min_{x} c^{\mathrm{T}}x \quad (A_i x + b_i, c_i^{\mathrm{T}}x + d_i) \in \boldsymbol{K}_{p_i} \quad i=1,\cdots,m \tag{7.11}$$

7.3.2　基于二次锥规划的相似性度量算法

对查询模型提取形状描述符后，需要在特征库中进行相似性比较
并排序，选择前若干个结果作为检索系统的最终结果返回给用户。此过程可以用图 7.8 来表示。

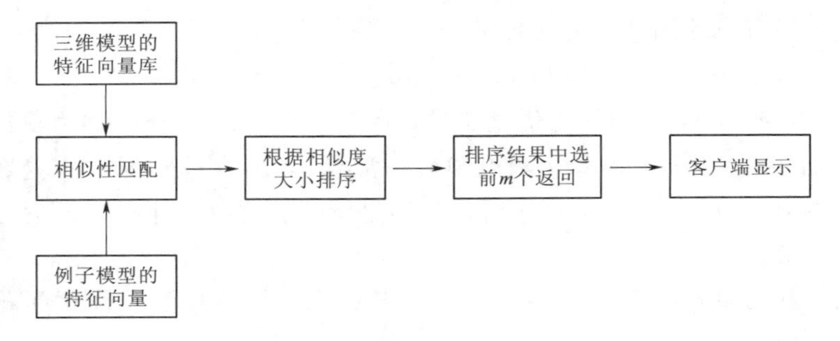

图 7.8　三维模型的检索过程

若从数字信号的角度来看待三维模型的检索过程，融合后的特征向量就是一个一维的数字信号，可称为特征信号，模型的特征库可称为特征信号库简称信号库，模型检索的过程就是在信号库中查找和特征信号最相似的若干个信号的过程。从另一个角度来分析这一过程，任意一个信号都可以分解为若干个其他信号的线性组合，如式（7.12）所示：

$$[a_1]x_1 + [a_2]x_2 + \cdots + [a_n]x_n = [b] \tag{7.12}$$

式中：a_1，a_2，…，a_n 为 n 个独立的信号；x_1，x_2，…，x_n 为其线性组合系数，系数值越大，说明其对应的信号在组合过程中所占的比重就越大，意味着和信号 b 就越相似，因此可以通过其线性组合系数来判断两个信号的相似程度。若将信号库中的信号看作是基本信号，特征信号可以表示为若干个基本信号的线性组合，且线性组合的系数值就是其相似性度量值，那么三维模型的检索过程也可以用式（7.13）来表示，写成矩阵形为式（7.14）。

$$\begin{bmatrix} a_{11} & a_{12} & \cdots & a_{1n} \\ a_{21} & a_{22} & \cdots & a_{2n} \\ \vdots & \vdots & \vdots & \vdots \\ a_{m1} & a_{m2} & \cdots & a_{mn} \end{bmatrix} \begin{bmatrix} x_1 \\ x_2 \\ \vdots \\ x_n \end{bmatrix} = \begin{bmatrix} b_1 \\ b_2 \\ \vdots \\ b_m \end{bmatrix} \tag{7.13}$$

$$Ax = b \tag{7.14}$$

式中：$A \in R^{m \times n}$；$x \in R^n$；$b \in R^m$；m 为模型特征向量的维数；n 为模型库中模型的个数；向量 x 为信号 b 的线性组合系数，其中的元素值是组合系数值即相似度量值，值越大，说明对应的模型之间相似度越高，至此，三维模型的检索过程就转变为了方程组(7.14) 的求解过程。

一般来说，模型库中的模型数目是较大的，而模型特征向量的维数不会很高，因此，绝大多数情况下 $A \in R^{m \times n}(m \ll n)$，则 $Ax = b$ 是个欠定方程组，若要得到唯一解，需要增加约束条件。根据需求的不同，可以添加不同的约束条件，本文的研究工作旨在提高三维模型检索系统的检索效率即查准率，因此，使用 ℓ_0 约束以得到稀疏的解，即相关性最强的少数几个模型。那么求解欠定方程组 $Ax = b$ 就转化为一个一般的优化问题（P_0）

$$(P_0): \min_x \|x\|_0 \text{ subject to } Ax = b \tag{7.15}$$

更进一步，从信号稀疏表示理论的角度，矩阵 $A \in R^{m \times n}$ 是一个过完备字典（$m \ll n$），那么上述优化问题实际上也是一个信号的稀疏表示问题。

从信号处理的观点，可以把特征向量的相似性匹配过程转化为信号的稀疏化表示过程，如式（7.15）所示，解此优化问题就得到了线性组合系数 x，因为约束条件是 $\|x\|_0$，所以此向量中非零值很少，也就是找到了最相关的模型索引。$\|x\|_0$ 的定义为

$$\|x\|_0 = \lim_{p \to 0} \|x\|_p^p = \lim_{p \to 0} \sum_{k=1}^{m} |x_k|^p = \#\{i : x_i \neq 0\} \tag{7.16}$$

这是一种最简单的测量向量稀疏性的方法，计算向量中非零元素的个数。ℓ_0 优化问题看起来很像 ℓ_2 优化问题，虽然符号相似，但是求解过程有很大区别，ℓ_2 优化问题有唯一的最优解，但是对于 ℓ_0 范数是否有唯一解？在什么条件下有唯一解？以及若是有解，如何证明它是全局最优解？这些问题仍然没有明确的回答，可能在某种特殊的情况下，例如非常特殊的矩阵 A 和向量 b，ℓ_0 优化问题有确定的唯一的全局最优解，但是在一般情况下是不可能的。

不使用概念性的证明，也可以说明解决（P_0）问题的难度，这是一个经典的排列组合问题，寻找所有的可能的稀疏子集，产生相应的子系统 $b = A_s x_s$，A_s 是矩阵 A 中的以 s 为索引的 $|s|$ 个列，然后检验 $b = A_s x_s$ 能否被解决。

通过一个简单的例子可以说明它的复杂性，假设 A 是一个 500×2000 维的矩阵，（P_0）最稀疏的解有 $|s| = 20$ 个非零值，然后去寻找正确的 $|s|$ 列的组合。这种组合有 $\binom{m}{|s|} \approx 3.9E+47$ 个，将每个组合都代入 $b = A_s x_s$ 进行测试，每一次测试需要 $1E-9$s，那么做完所有的测量需要 $1.2E+31$ 年的时间，这足以说明（P_0）问题的求解是一个 NP 难问题。

Conoho 证明了矩阵 A 满足 RIP 条件，那么优化 ℓ_1 的解和优化 ℓ_0 的解一致，并且优

化 ℓ_1 是一个凸优化问题，有全局最优解，其解即为 ℓ_0 优化问题的唯一解。因此，式(7.15)中的 ℓ_0 优化问题就转化为 ℓ_1 优化问题：

$$(P_1):\min_x \|x\|_1 \text{ subject to } Ax=b \tag{7.17}$$

式中：$A\in R^{m\times n}$ 为三维模型特征库；m 为三维模型特征向量的维数；n 为三维模型库中模型的个数，且 $m\ll n$，$x\in R^{n\times 1}$ 是优化向量。

优化问题 (P_1) 是个凸优化问题，有全局最优解，其解向量中的非零元素的索引对应的三维模型即是检索系统最终的检索结果，最后根据元素值由大到小排序，提取对应的三维模型传输给客户端进行显示。

在实际的三维模型检索系统中，形状描述符由于计算误差和截断误差等因素，不可避免的含有一定程度的噪声，因此一个鲁棒的检索算法对保障三维模型检索系统的性能是十分必要的。为了减少噪声对三维模型检索算法的影响，使用稀疏近似方法代替稀疏表示方法，设置了一个松弛变量，以确保在有噪声的情况下，检索系统也能有较高的查准率，三维模型的检索过程变为了如下的优化过程：

$$(P_1):\min_x \|x\|_1 \text{ subject to } \|Ax-b\|\leqslant\varepsilon \tag{7.18}$$

式中：$A\in R^{m\times n}$ 为模型特征库，m 为模型特征向量的维数，n 为模型库中模型的个数，且 $m\ll n$；$x\in R^{n\times 1}$ 为优化向量，每个元素值是对应索引模型和查询模型的相似度；$b\in R^{m\times 1}$ 为查询模型的特征向量；ε 为松弛变量；$\|Ax-b\|$ 是标准的 2-范数 $\|Ax-b\|=(Ax-b)^{\mathrm{T}}(Ax-b)^{\frac{1}{2}}$。

由式(7.17)到式(7.18)，目标函数没有变，约束条件变了，由线性等式约束变成了二次不等式约束，此变化使得检索算法在有噪声影响的情况下依然健壮，鲁棒性更强。但是二次不等式约束为求解带来了困难，二次函数约束属于非线性约束，比线性约束求解的时间复杂度要高。

在约束条件中，$Ax-b(A\in R^{m\times n},x\in R^{n\times 1},b\in R^{m\times 1})$ 的结果是一个向量且 $Ax-b\in R^{m\times 1}$，$\varepsilon\in R$，若将两者并起来可形成一个向量 $\begin{bmatrix}Ax-b\\ \varepsilon\end{bmatrix}$，此向量的维数设为 k 且 $k=m+1$，则式(5.19)中的二次不等式约束条件可以改写为如下形式：

$$\left\{\begin{bmatrix}Ax-b\\ \varepsilon\end{bmatrix},Ax-b\in R^{k-1},\varepsilon\in R,\|Ax-b\|\leqslant\varepsilon\right\} \tag{7.19}$$

式(7.19)和 R^k 空间中的二次锥的标准形式[式(7.20)]相同

$$\left[\begin{bmatrix}u\\ t\end{bmatrix}\middle| u\in\mathbb{R}^{k-1},t\in\mathbb{R},\|u\|\leqslant t\right] \tag{7.20}$$

那么式(7.18)中的优化问题可以转化为一个二次锥规划问题(SOCP)来解，二次锥规划问题使用内点法可以在线性规划的时间内求解，时间复杂度低，求解速度快。

7.3.3　基于特征矩阵分块及稀疏化的检索算法

当模型库中的模型较多时，使用上述方法得到一个最优的稀疏解是非常困难的。大型的三维模型库一般都是结构化的数据库，相同类别模型的特征向量会集中放置在一起，最后得到的是一个具有粗分类的特征库，如图 7.9 所示，其中 $\mathbb{D}_1$，$\mathbb{D}_2$，…，$\mathbb{D}_n$ 是按照类别划分的子库，因此，在此结构化的特征库中进行检索可以分解为在若干个子库中分别进行检索，然后将子库中的检索结果合并成最终的检索结果，过程如图 7.10 所示。

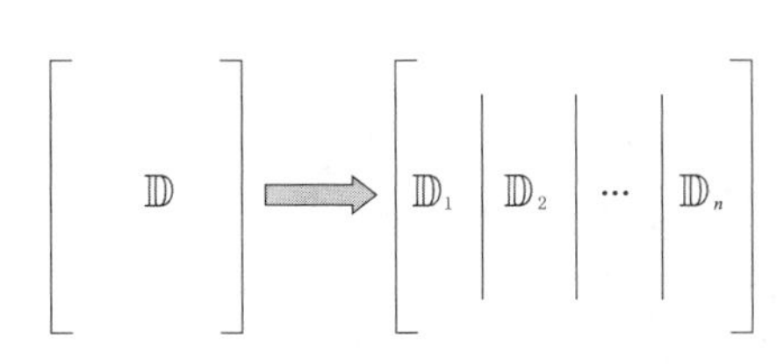

图 7.9 结构化特征库

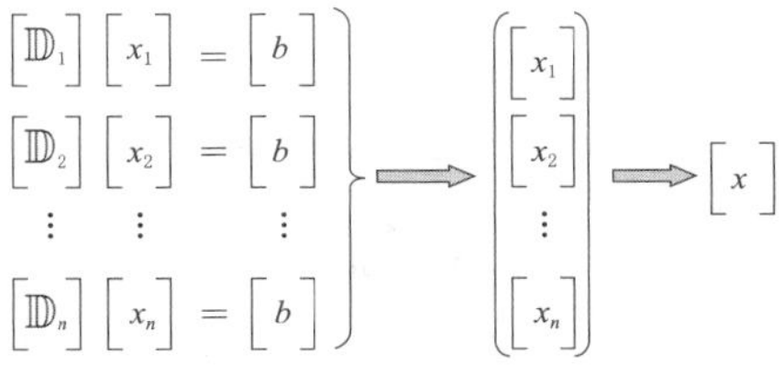

$$\left.\begin{array}{l}[\mathbb{D}_1][x_1]=[b]\\ [\mathbb{D}_2][x_2]=[b]\\ \quad\vdots\quad\vdots\quad\quad\vdots\\ [\mathbb{D}_n][x_n]=[b]\end{array}\right\}\Rightarrow\begin{pmatrix}[x_1]\\ [x_2]\\ \vdots\\ [x_n]\end{pmatrix}\Rightarrow[x]$$

图 7.10 各子库检索示意图

由于特征库中的特征向量之间都是相互独立的，因此可以对此特征库作任意的划分。然而，针对实际检索过程，将每类模型的特征向量聚集在一起，自动划分为一个子库，更容易对检索结果做出解释。特征库分块的思想，将一个大规模线性方程组的求解过程转化为若干个小规模的线性方程的求解过程，将大规模优化问题分解为若干个小规模的优化问题，不仅可以降低求解的难度，同时可以并行处理，大幅提高求解速度。另外，本章的检索算法是建立在稀疏表示理论框架下的，因此对每个子库的检索都要符合这一准则，子库数目 g 应满足 $g<\frac{n}{m}$（m 是特征向量的维数，n 是模型库中模型的个数），以满足过完备字典的要求。

对特征库矩阵及特征向量进行稀疏化处理，可将方程组 $Dx=b$ 转化为一个稀疏线性方程组，在一定条件下，能降低方程的求解复杂度。

7.3.4 实验结果分析

本章算法的前提条件是模型库的规模较大，这就保证了三维模型的特征库中，模型的个数远远大于特征向量的维数，使之满足稀疏表示的基本要求。在实际应用中，提供给用户使用的模型库基本也都属于这种情况。

本节首先使用 2 个数值实验来验证本章检索算法的正确性和有效性。假设有一个含有 100 个三维模型的模型库，每个模型用一个 20 维的特征向量来表示，则此模型库的特征库为一个 20×100 维的矩阵，这里使用一个随机矩阵 $A\in R^{20\times100}$ 来表示，矩阵 A 中的每一列表示一个三维模型的特征向量，并进行了归一化处理，查询模型经过同样的方法得到了一个归一化的 20 维的特征向量，用 $b\in R^{20\times1}$ 来表示。实验目的是在 A 中找到与 b 最相似的若干个列，每一列对应于一个三维模型，这样就得到了与特征向量 b 代表的那个三维模型最相似的若干个三维模型。实验中分别使用的最常用的向量夹角余弦值（两个向量的内积）相似性匹配算法和本章提出的稀疏匹配算法作对比实验，以说明本算法能大幅度的提高检索系统的查准率。本实验的计算机配置为 Intel CPU 主频 3.2GHz，内存 16G，测试平台是 Windows 7 操作系统，代码由 MATLAB 2012b 编写。

实验 1：当 $b\in R^{20\times1}$ 与 $A\in R^{20\times100}$ 中的某一列相同时，这里设置 b 与 A 中的第 10 列相同，即模型库中有与查询模型相同的模型，实验结果如图 7.11 和图 7.12 所示。

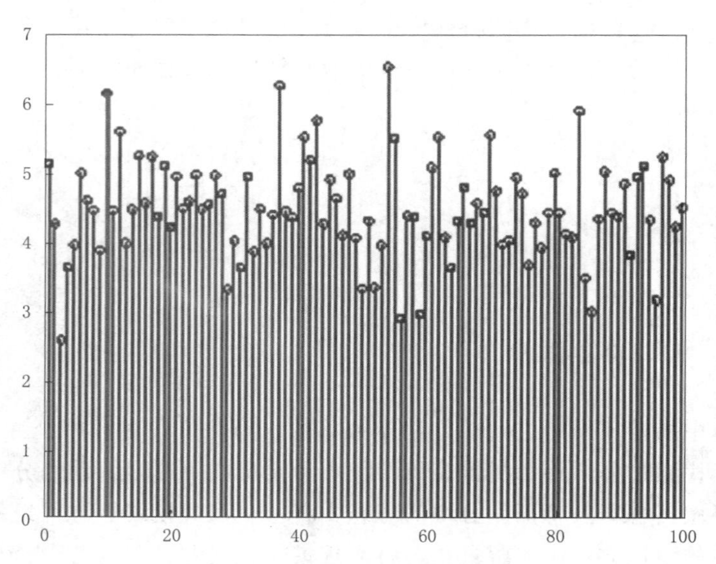

图 7.11　使用向量夹角余弦值得到的相似性匹配结果，其中标记深色的为最相似的特征向量

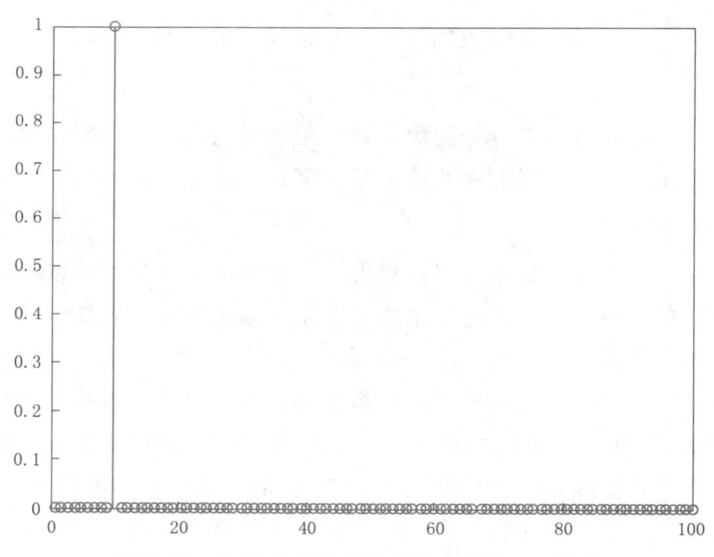

图 7.12　使用本章算法得到的相似性匹配结果

从图 7.11 中可以看出，使用向量夹角余弦值作为相似性度量值，若只返回前 5 个模型作为检索结果，此次检索的查准率为 $P=\frac{1}{5}\times 100\%=20\%$。从图 7.12 中可以看出，使用本章算法作为相似性匹配算法，检索后得到的返回结果为 1 个模型，其中相关模型也为 1 个，此次检索的查准率为 $P=\frac{1}{1}\times 100\%=100\%$。

实验 2：$b\in R^{20\times 1}$ 是 $A\in R^{20\times 100}$ 中若干列的线性组合时，本实验使用 $b=0.5\times a_8+$

$0.7\times a_9+0.3\times a_{10}$，实验效果如图 7.13 和图 7.14 所示。

从图 7.13 可以看出，使用向量夹角余弦值作为相似性度量，返回前 5 个模型作为检索结果，此次检索的查准率为 $P=\frac{3}{5}\times100\%=60\%$，并且从图 7.13 中看出，其他很多模型的相似度要高于第 8、9、10 个模型的相似度，那么对于返回结果的排序而言是不正确的。从图 7.14 中可以看出，使用本章算法作为相似性匹配算法，检索后得到的返回结果为 3 个模型，其中相关模型也为 3 个，此次检索的查准率为 $P=\frac{3}{3}\times100\%=100\%$。

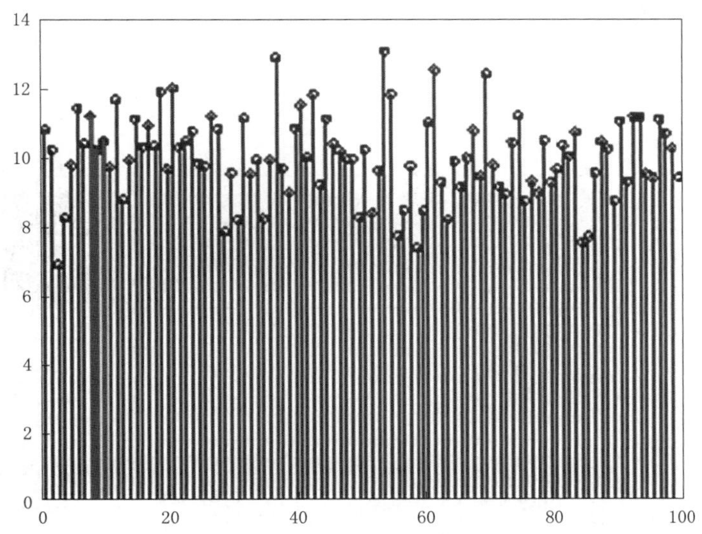

图 7.13 使用向量夹角余弦值得到的相似性匹配结果，
其中标记深色的是第 8、9、10 个模型的特征向量

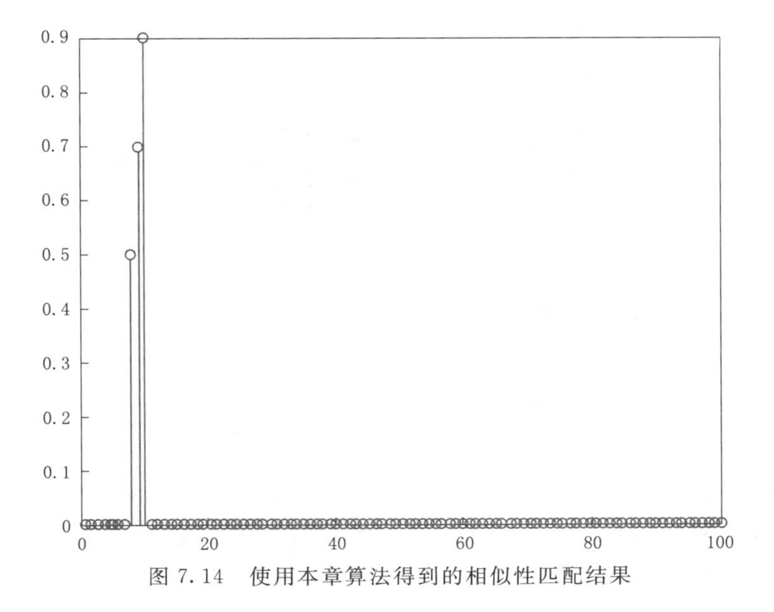

图 7.14 使用本章算法得到的相似性匹配结果

通过数值实验1和实验2，可以说明相对向量夹角余弦的相似度计算方法，本章算法能大幅度的提高三维模型检索系统的查准率。

在标准的三维模型库（Pricenton Shape Benchmark，PSB）上分别使用欧式距离和本章提出的相似性匹配算法进行对比实验。标准模型库中共包含1814个三维模型，涵盖日常生活和自然界中常见的各类模型，分为了两个子库，每个子库有907个模型，本实验选择其中1个子库进行检索。通过3组实验来验证本章算法的有效性。

实验3：查询模型选择2个人物模型和2个动物模型，并将实验模型库中的同类模型去除，此时模型库中除了有一个和查询模型相同的模型外，其余都是无关模型。分别使用欧式距离和本章提出的算法进行查询，最后返回前5个检索结果，实验结果见表7.3。

表7.3　　前5个检索结果

查询模型	检索算法	返回结果				
		1	2	3	4	5
	欧式距离	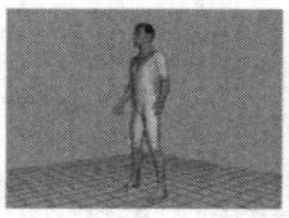				
	本章算法	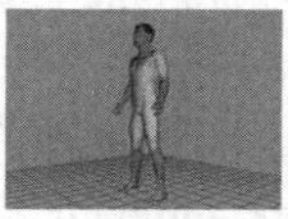	无	无	无	无
	欧式距离					
	本章算法		无	无	无	无
	欧式距离		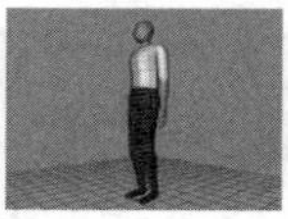	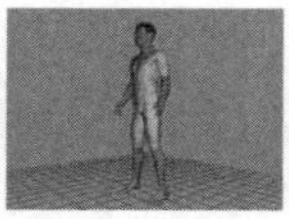	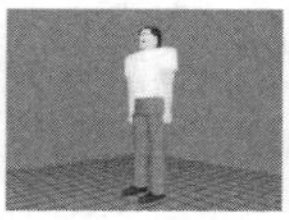	
	本章算法		无	无	无	无

从实验结果看，本章算法和欧氏距离的检索方法都可以检索出模型库中和查询模型相同的模型，但返回结果中，本章算法有效的排除了其他无关模型，而欧式距离返回了4个无关模型。使用欧式距离进行检索，只是计算向量之间的距离，并以此为依据进行排序，返回前5个结果，这种方法实际上是认为所有模型都和查询模型相似，但相似度有区别，对查询结果没有排除无关模型的功能。

实验 4：模型库中有与查询模型相似的模型。分别使用欧式距离和本章提出的算法进行查询，最后返回前 5 个检索结果，实验结果见表 7.4。

表 7.4 前 5 个检索结果

查询模型	检索算法	返回结果				
		1	2	3	4	5
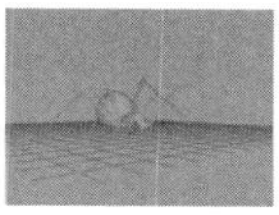	欧式距离					
	本章算法					
	欧式距离					
	本章算法	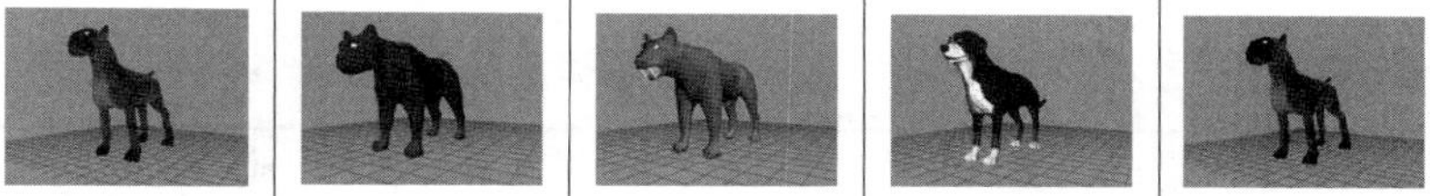				
	欧式距离					
	本章算法					
	欧式距离					
	本章算法	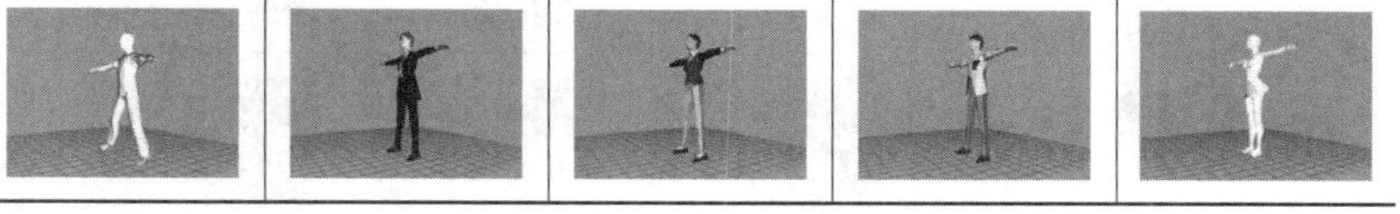				

由检索结果可以看出，使用本章算法和欧式距离检索，都可以检索出与查询模型相同或相似的模型，然而对于模型的相似性高低并不好评价，欧式距离和本章算法的查全率-查准率曲线如图 7.15 所示，可以看出，本章算法有较高的查准率。

实验 5：分别取出 1 个动物模型和 1 个人物模型作为检索模型，经特征提取后的特征向量，加入幅度为 0.001 的随机噪声，以模拟检索过程中受到噪声干扰的情况，实验中 $\varepsilon=0.0001$，分别使用欧式距离和本章算法进行查询，最后返回前 5 个检索结果，实验结果见表 7.5。

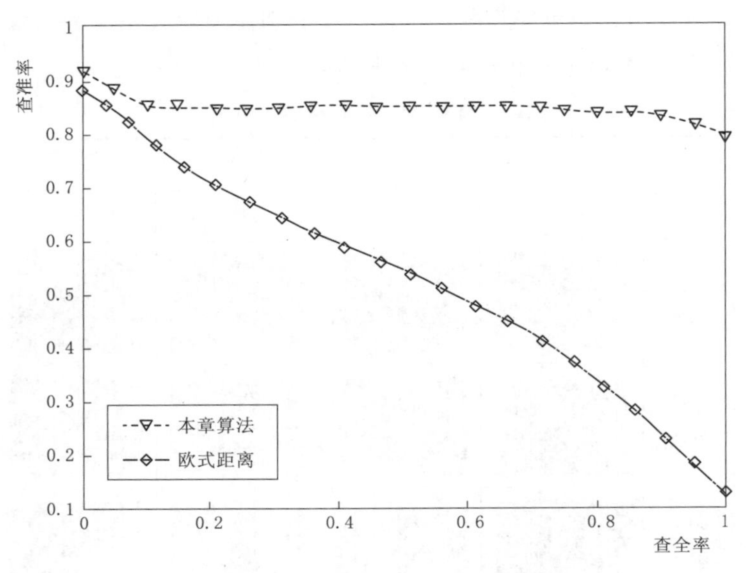

图 7.15　查全率-查准率曲线

表 7.5　　　　前 5 个检索结果

查询模型	检索算法	返回结果				
		1	2	3	4	5
	欧式距离					
	本章算法					
	欧式距离					
	本章算法					

从实验结果中可以看出，查询模型的特征向量加入噪声后，使用欧式距离并没有返回准确的查询结果，并且在使用动物模型进行查询时，返回了错误的模型，当特征向量含有噪声时，它和其他的特征向量之间的距离值就会发生变化，因此会出现不够理想的或是错误的返回结果。本章提出的算法，在有噪声的情况下，依然保持了鲁棒的检索效果，没有错误模型出现。

在本章提出的算法中，ε 是一个松弛变量，由它控制了特征向量匹配的允许误差，ε

的值越大，允许误差就越大，算法越鲁棒，查全率越高。反之，ε 值越小，允许误差越小，查准率越高。在实际应用中，可以在检索系统中添加相关反馈机制，来调节 ε 的值，得到较高的检索效率。

实验 6：在西北大学可视化技术研究所构建的大规模三维模型库中取出 5 个类别共 986 个模型，分别使用 4 种不同的单一形状描述符配合欧氏距离和本章提出的融合的形状描述符配合稀疏匹配算法进行检索，并使用 Precision－Recall（PR）、Nearest Neighbor（NN）、First Tier（FT）、Second Tier（ST）和 Average Precision（AP）对检索结果进行评价，如图 7.16 和表 7.6 所示，评价方法的计算公式见 5.3 节。

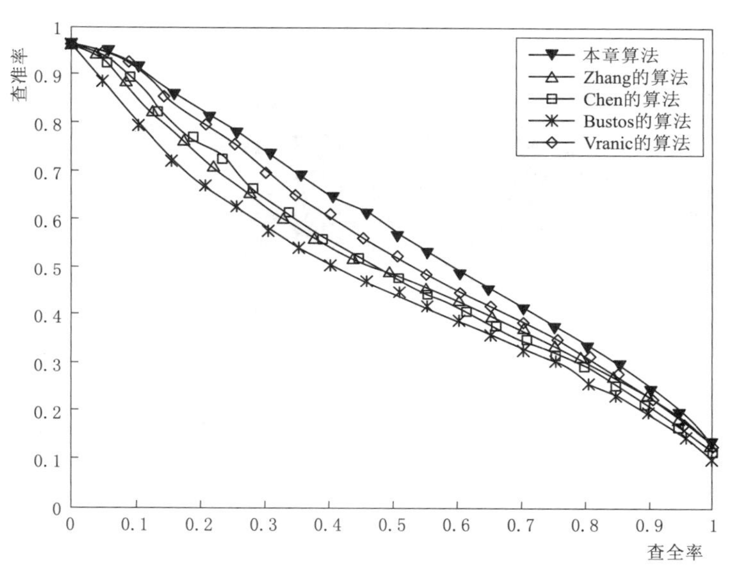

图 7.16　查全率-查准率曲线

表 7.6　　检索效果评价

检索算法	*NN*	*FT*	*ST*	*AP*
本章算法	70.1	44.2	45.2	60.9
Zhang 的算法	66.1	40.2	50.3	55.2
Chen 的算法	65.3	83.5	45.8	49.7
Bustos 的算法	63.9	37.5	48.3	53.2
Vranic 的算法	61.7	37.8	45.2	53.3

使用本章算法在西北大学可视化研究所构建的三维模型智能处理和检索平台上对飞机模型的单次检索结果如图 7.17 所示。

实验 7：使用融合特征在西北大学可视化研究所构建的大规模三维模型库及智能处理和检索平台上进行检索，实验模型的选取同实验 6，并使用实验 6 中的 4 种方法对检索结果进行评价。

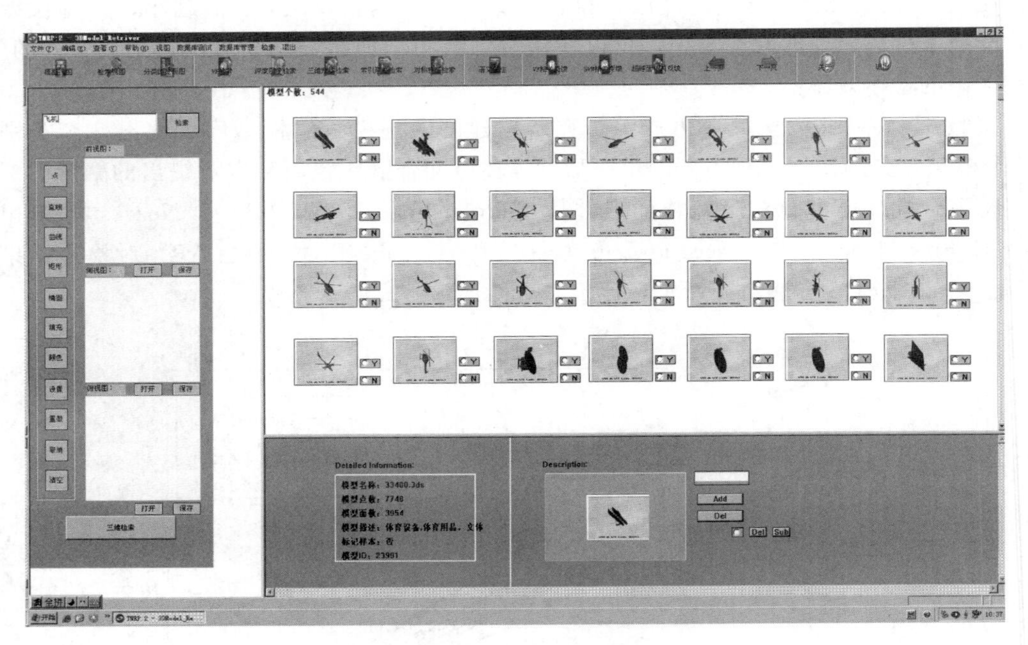

图 7.17　检索结果界面

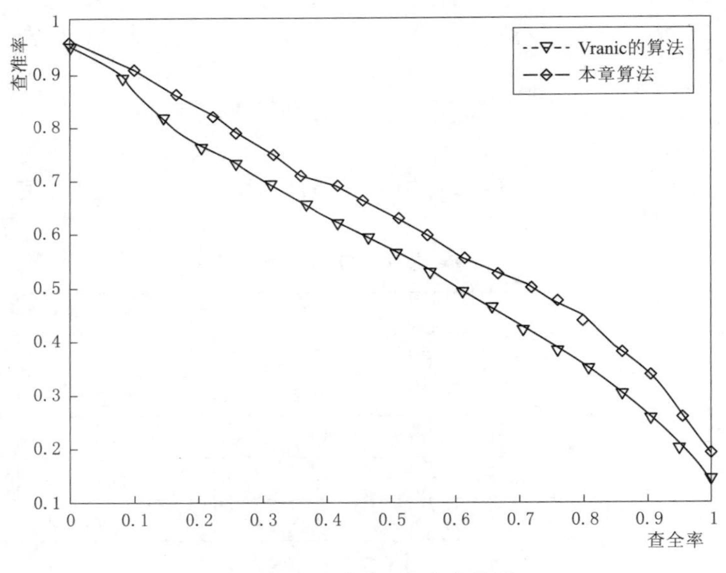

图 7.18　查全率-查准率曲线

使用本章算法在西北大学可视化研究所构建的三维模型智能处理和检索平台上对植物模型的单次检索结果如图 7.19 所示。由图 7.18 和表 7.7 可以看出，本章提出的形状描述符配合稀疏匹配算法取得了更好的检索效果。

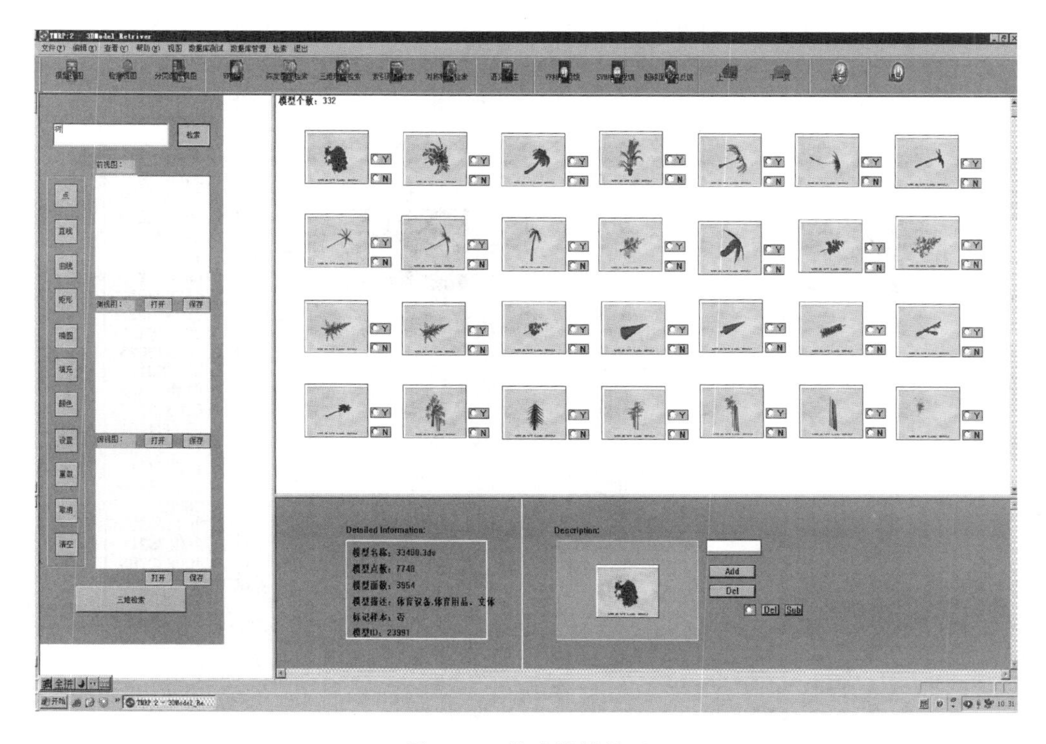

图 7.19 检索结果界面

表 7.7 **检 索 效 果 评 价**

特征提取算法	*NN*	*FT*	*ST*	*AP*
本章算法	87.5	53.2	67.9	65.8
Chen 的算法	82.5	50.5	63.2	61.7

以下使用 4 组对比实验从不同的角度来验证对特征库分块及稀疏化后算法的有效性，分别使用欧式距离、稀疏匹配算法和改进的稀疏匹配算法进行检索实验。

实验选取 1 个动物类模型和 1 个人物类模型作为查询模型，对这两个模型提取特征向量后，采用傅里叶变换进行稀疏化处理。图 7.20 表示了两个输入模型的特征信号。

在图 7.20 中的两个检索模型的特征向量是稠密的，使用散点图可以更清楚地观察特征向量的性质，如图 7.21 所示。

本章实验使用傅里叶变换对上述两个特征向量进行稀疏化表示，结果如图 7.22 所示。经稀疏化处理后的特征向量，变成了一个稀疏向量，以同样的方法对模型特征库进行稀疏处理，会大量的节约存储空间和提高运算效率。以下 4 个对比实验中的特征向量和特征库均使用傅里叶变换进行稀疏化处理。

实验 1：三维模型库中包含与查询模型相同的模型，返回 1 个结果，检索结果见表 7.8。

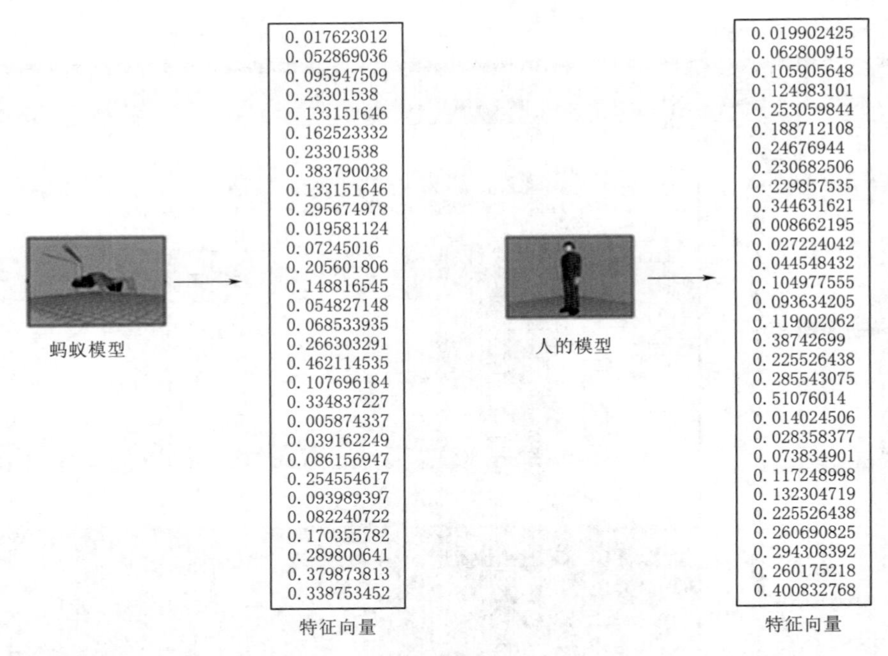

图 7.20　模型的特征向量

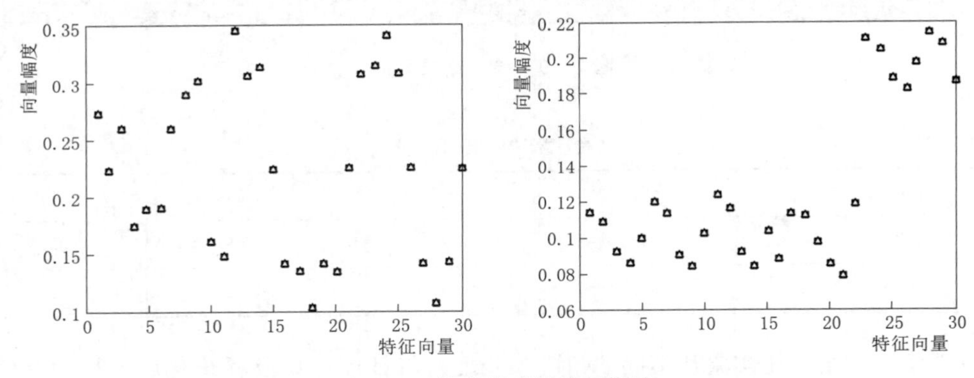

图 7.21　检索模型的特征信号

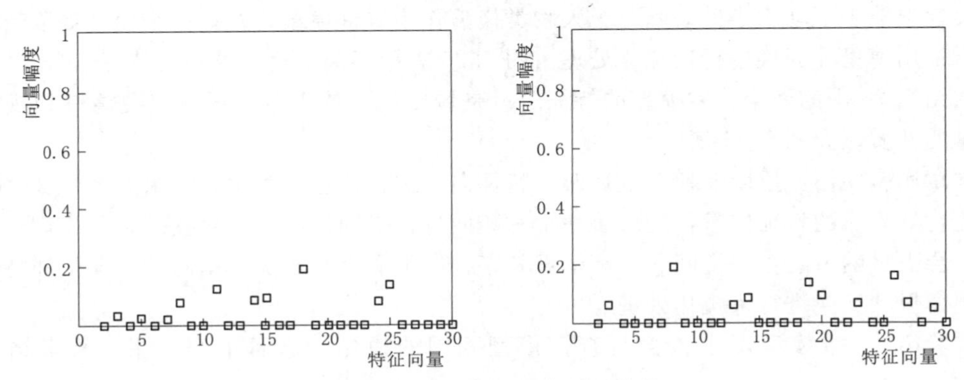

图 7.22　稀疏变换后的特征信号

表 7.8　　　　1 个 检 索 结 果

输入模型	匹配算法	检索结果	输入模型	匹配算法	检索结果
	欧氏距离	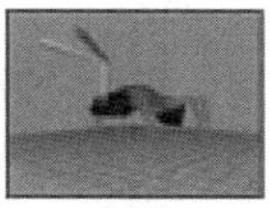		欧氏距离	
	稀疏匹配			稀疏匹配	
	改进算法			改进算法	

表 7.8 分别采用 1 个动物类与 1 个人物类模型作为输入模型进行实验，模型库中有与检索模型相同的模型，对模型库和特征向量进行稀疏化处理后，又进一步对特征库进行了分块处理，实验中采用的阈值 $\varepsilon=0.02$。特征库中共有模型 907 个，形状描述符提取后为 1 个 30 维的特征向量。三种算法均在模型库中检索出了与查询模型相同的模型。

实验 2：三维模型库中没有与查询模型相同的模型，返回前 6 个结果，检索结果见表 7.9。表 7.9 显示三种检索算法得到的检索结果中均没有差异显著的模型。说明了对特征向量和特征库进行稀疏化及分块处理后，并没有影响检索的性能。

表 7.9　　　　前 6 个 检 索 结 果

输入模型	检索方法	检索结果					
		1	2	3	4	5	6
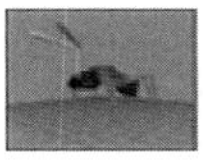	欧氏距离						
	稀疏匹配						
	改进算法						
	欧氏距离						
	稀疏匹配						
	改进算法						

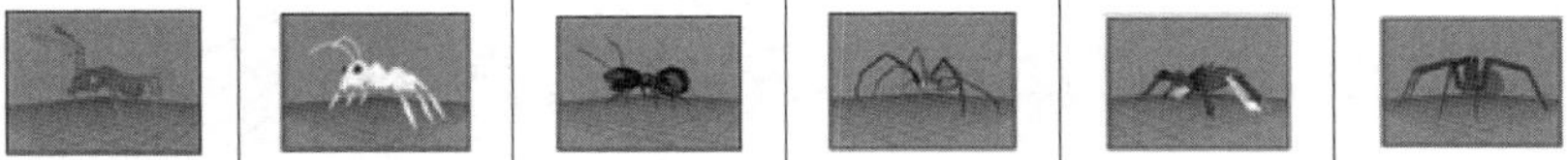

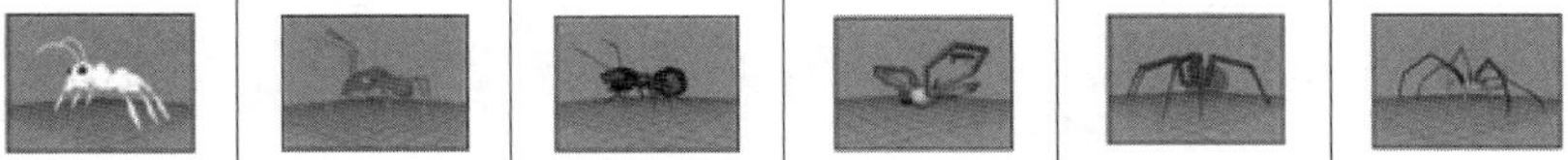

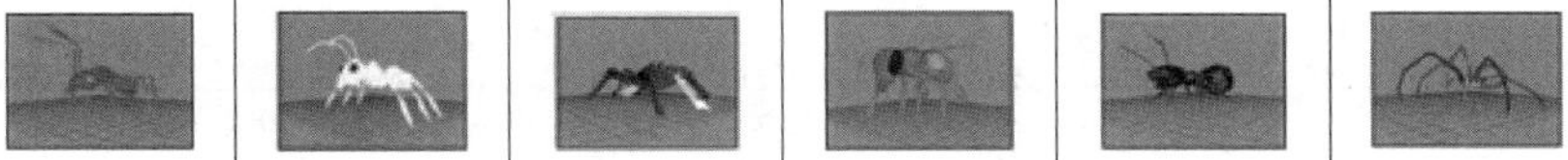

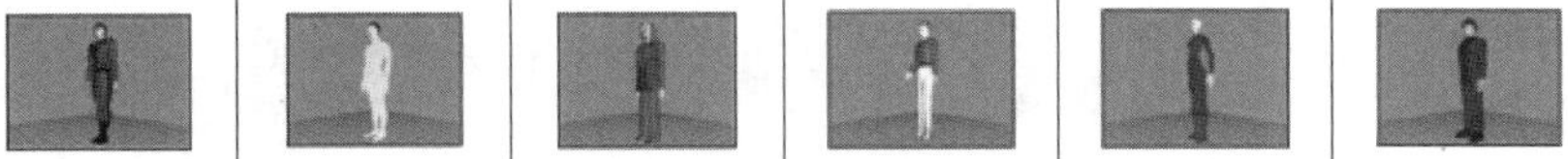

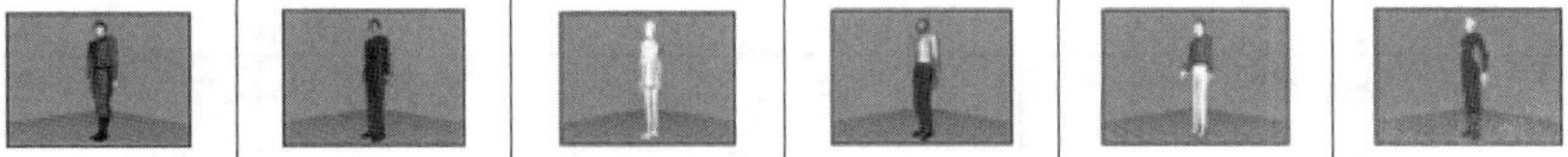

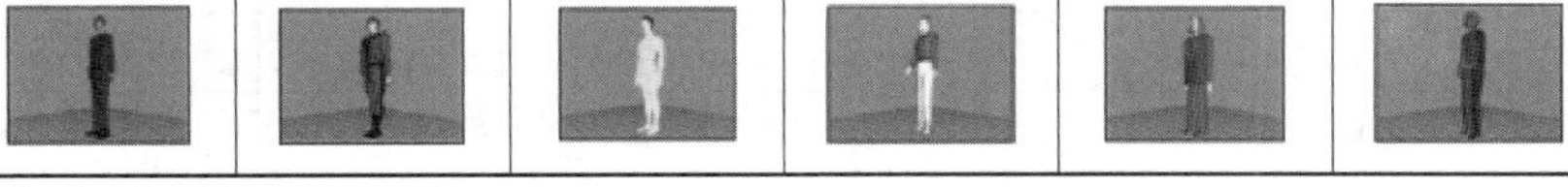

实验 3：三维模型检索系统的在线时间主要是指相似性匹配算法的时间，本实验使用实验 1 中的形状描述符，在 100 个模型构成的模型库，特征向量为 30 维的情况下对 3 种匹配算法的运算时间进行比较，实验结果见表 7.10。

表 7.10　　三种算法的匹配速度

检索算法	运算阶数	检索时间/s
改进的算法	二次优化	9
稀疏匹配算法	二次优化	15
欧氏距离	线性	12

表 7.7 对 3 种检索算法进行了比较，从实验结果可知，由于本章的匹配算法对特征库和特征向量都进行了稀疏化和分块处理，改进后的匹配算法在检索速度上明显优于其他 2 种算法。

实验 4：在西北大学可视化研究所自主构建的大规模三维模型库及智能处理和检索平台上分别使用 4 种单一的特征描述符配合欧氏距离、本章的形状描述符分别配合稀疏匹配和改进的稀疏匹配算法进行检索，检索结果使用 5 种不同的方法进行评价，5 种评价方法分别是 Precision-Recall（PR）、Nearest Neighbor（NN）、First Tier（FT）、Second Tier（ST）和 Average Precision（AP），计算方法见 5.3 节。

从图 7.23 和表 7.11 可知，本章算法的检索效率略低于稀疏匹配检索算法，但高于其他的检索算法，说明本章稀疏匹配算法在稀疏化和分块处理后，执行效率明显提高了，但仍保持了较高的检索效率。

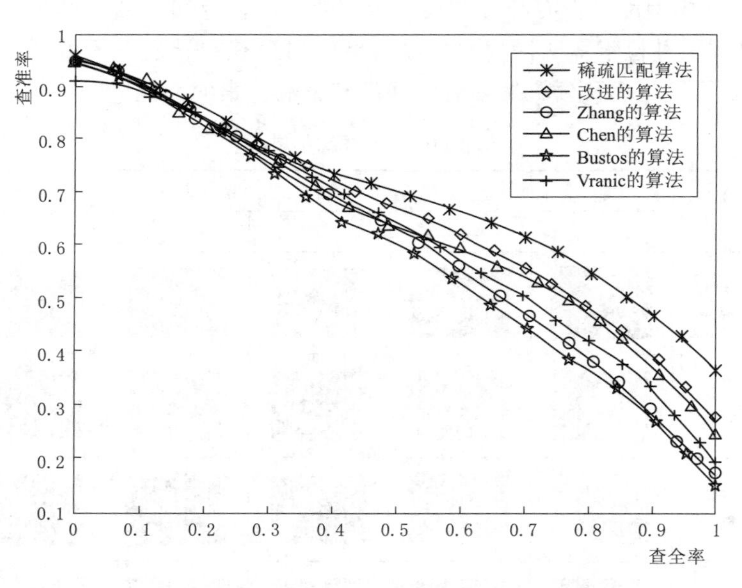

图 7.23　查全率-查准率曲线

表 7.11　　检索结果评价

检索算法	*NN*	*FT*	*ST*	*AP*
稀疏匹配算法	69.7	60.3	70.3	74.4
改进的算法	75.5	53.3	65.5	69.5
Zhang 的算法	75.3	47.5	60.2	64.7

续表

检索算法	*NN*	*FT*	*ST*	*AP*
Chen 的算法	70.8	50.7	62.9	67.2
Bustos 的算法	71.2	45.3	59.2	62.5
Vranic 的算法	74.1	47.5	60.7	66.0

使用改进的算法在西北大学可视化研究所自主构建的大规模三维模型库及智能处理和检索平台上对动物模型的单次检索结果如图 7.24 所示。

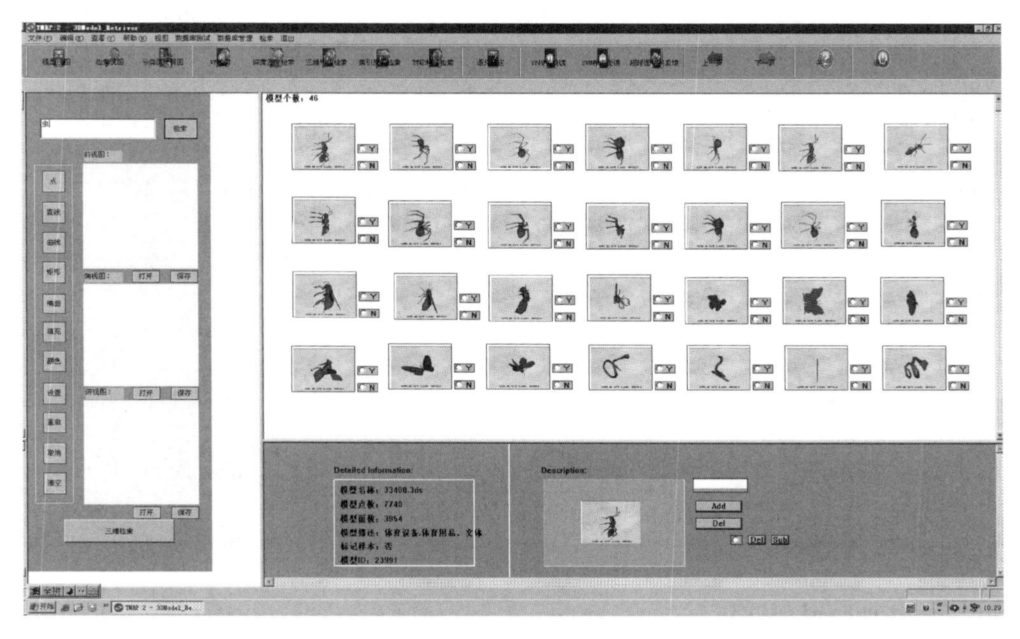

图 7.24　检索结果界面

7.4　本章小结

为了提高三维模型检索系统的检索效率，本章使用核函数将全局径向距离特征和局部径向距离特征融合成一个新的形状描述符，它包含了原有特征向量的所有信息，能更全面的描述三维模型的特征；基于稀疏表示理论的相似性匹配算法，将相似性匹配过程转变为一个二次锥规划问题的求解过程，目标函数使用 ℓ_1 范数最小，得到的最优解即是查询结果，大幅提高了三维模型检索系统的查准率；根据模型库类别信息对特征矩阵分块和稀疏化的处理进一步提高了算法的执行效率。数值实验和在 PSB 及自主构建的三维模型库上的对比实验以及多种评价结果说明了本章算法的有效性。本章提出的稀疏匹配算法是一个理论框架，适用于任何以向量空间模型检索的信息检索系统。

参 考 文 献

[1] Iyer N., Jayanti S., Lou K., et al. Three - dimensional shape dearching: state - of - the - art review and future trends [J]. Computer - Aided Design, 2005, 37 (5): 509 - 530.

[2] 周明全，樊亚春，耿国华. 一种基于空间对称变换的三维模型形状描述方法 [J]. 电子学报，2010，38 (4): 853 - 859.

[3] 郑赢，周明全，耿国华，等. 多特征动态融合的三维模型检索方法 [J]. 计算机科学，2010，37 (7): 260 - 263.

[4] 郭竞，周明全，耿国华. 基于形状的 3D 模型快速检索算法 [J]. 西安科技大学学报，2007，27 (1): 152 - 156.

[5] Yang Y., Lin H., Zhang Y. Content - based 3D model retrieval: a survey [J]. IEEE Trans. Systems, Man, and Cybernetics, 2007, 37 (6): 1081 - 1098.

[6] DelBimbo A., Pala P. Content - based retrieval of 3D models [J]. ACM Trans. Multimedia Computing, Communications, and Applications, 2006, 2 (1): 20 - 43.

[7] Tangelder J., Veltkamp R. A survey of content based 3D shape rretrieval methods [J]. Multimedia Tools and Applications, 2008, 39 (3): 441 - 471.

[8] Bustos B., Keim D., Saupe, D., et al. Feature - based similarity searching 3D object databases [J]. ACM Computing Surveys, 2005, 37 (4): 345 - 387.

[9] Jain V., Zhang H. A spectral approach to ahape - based retrieval of articulated 3D models [J]. Computer - Aided Design, 2007, 39 (5): 398 - 407.

[10] Shinagawa Y., Kuni i T., Kergosien Y. Surface coding based on morse Theory [J]. Computer Graphics and Applications, 1991, 11 (5): 66 - 78.

[11] K., Shokoufandeh A., Dickinson S., et al. Shock graphs and shape matching [J]. Journal of Computer Vision, 1999, 35 (1): 13 - 32.

[12] Hilaga M., Shinagawa Y., Kohmura T., et al. Topology matching for fully automatic similarity estimation of 3D shapes [C]. SIGGRAPH, 2001, pp. 203 - 212.

[13] Siddiqi K., Zhang J., Macrini D., et al. Retrieving articulated 3D models using medial surfaces [J]. Machine Vision and Applications, 2008, 19 (4): 261 - 275.

[14] Cornea N., Demirci M., Silver D., et al. 3D object retrieval using many - to - many matching of curve skeletons [C]. International Conference of Shape Modeling and Applications, 2005: 368 - 373.

[15] Hassouna M., Farag A. Variational curve skeletons using gradient vector fow [J]. IEEE Trans. Pattern Analysis and Machine Intelligence, 2009, 31 (12): 2257 - 2274.

[16] Tagliasacchi A., Zhang H., Cohenor D. Curve skeleton extraction from incomplete point cloud [J]. ACM Trans. Graphics, 2009, 28 (3): 121 - 128.

[17] Ankerst M., Kastenm G., Kriegel H., et al. 3D shape histograms for similarity search and classification in spatial databases [J]. In Proc. Int. Sympo. Advances in Spatial Databases, 1999: 207 - 226.

[18] Osada R., Funkhouser T., Chazelle B., et al. Shape distributions [J]. ACM Trans. Graphics, 2002, 21 (4): 807 - 832.

[19] M., Funkhouser T., Rusinkiewicz S. Rotation invariant spherical harmonic representation of 3D

shape descriptors [J]. SIGGRAPH Symposium on Geometry Processing, 2003: 156 - 164.

[20] Ion A., Artner N., Peyr′e G., et al. Matching 2D and 3D articulated shapes using the eccentricity transform [J]. Computer Vision and Image Understanding, 2011, 115 (5): 817 - 824.

[21] Chen D. Y., Tian X. P., Shen Y. T., et al. On Visual similarity based 3D model retrieval [J]. Computer Graphics Forum, 2003, 22 (3): 223 - 232.

[22] Shilane P., Min P., Kazhdan M., et al. The Princeton shape benchmark [C]. Proceedings of Shape Modeling International, 2004: 167 - 178.

[23] Coifman R., Lafon S. Diffusion maps [J]. Applied and computational harmonic analysis, 2006, 21 (1): 5 - 30.

[24] 赵明喜. 基于感知特征的网格处理算法的研究 [D]. 上海: 上海交通大学, 2006.

[25] 胡国飞. 三维数字表面去噪光顺技术 [D]. 杭州: 浙江大学, 2006.

[26] Bustos B., Keim D., Saupe D., et al. An experimental effectiveness comparison of methods for 3D similarity search [J]. International Journal on Digital Libraries, 2006, 6 (1): 39 - 54.

[27] Bustos B., Keim D. A., Saupe D., et al. Feature - based similarity search in 3D object databases [J]. ACM Computing Surveys (CSUR), 2005, 37 (4): 345 - 387.

[28] Zhou K., Bao H., Shi J. 3D surface filtering using spherical harmonics [J]. Computer - Aided Design, 2004, 36 (4): 363 - 375.

[29] Qin X., Xinhong C., Zhang S., et al. EMD based fairing algorithm for mesh surface [C]. Computer - Aided Design and Computer Graphics, 2009: 606 - 609.

[30] 彭群生, 胡国飞. 三角网格的参数化 [J]. 计算机辅助设计与图形学学报, 2004, 16 (6): 731 - 739.

[31] Taubin G. Geometric signal processing on polygonal meshes [J]. Eurographics State of the Art Reports, 2000, 4 (3): 112 - 119.

[32] Guskov I., SwELDENS W., ScHRODER P. Multircsolution signal processing for meshes [C]. ACMGRAPHITE. New York, NY, USA: ACM Press, 1999: 325 - 334.

[33] Valette S., Prost R. Wavelet - based multi - resolution analysis of irregular surfacemeshes [J]. IEEE Transactions on Visualization A and Computer Graphics, 2004, 10 (2): 113 - 122.

[34] Bischoff S., Kobbelt L. Teaching meshes, subdivision and multi - resolution techniques [J]. Computer - Aided Design, 2004, 36 (14): 1483 - 1500.

[35] Kobbelt L, Vorsatz J, Seidel H P. Multi - resolution hierarchies on unstructured triangle meshes [J]. Computational Geometry: Theory and Applications, 1999, 14 (1): 5 - 24.

[36] Wang H, Tang K. Biorthogonal wavelet construction for hybrid quad/triangle meshes [J]. The Visual Computer, 2009, 25 (4): 349 - 366.

[37] Kim B. M., Rossignac J. Geofilter: Geometric selection of mesh filter parameters [C]. Computer Graphics Forum. Blackwell Publishing, Inc, 2005, 24 (3): 295 - 302.

[38] Hou T., Qin H. Continuous and discrete Mexican hat wavelet transforms on manifolds [J]. Graphical Models, 2012, 74 (4): 221 - 232.

[39] Zhang H, Van K. O., Dyer R. Spectral mesh processing [C]. Computer graphics forum. Blackwell Publishing Ltd, 2010, 29 (6): 1865 - 1894.